U0150705

MARS

火星上整装待发的火箭，1956年由太空艺术家切斯利·博内斯特尔绘制。

火星上令人震撼的景象在等待着人类。

NATIONAL
GEOGRAPHIC

火星

MARS

[美]伦纳德·戴维_著　　尹倩青　徐　蒙　李汉成_译

我们在红色星球上的未来

中国出版集团　　现代出版社

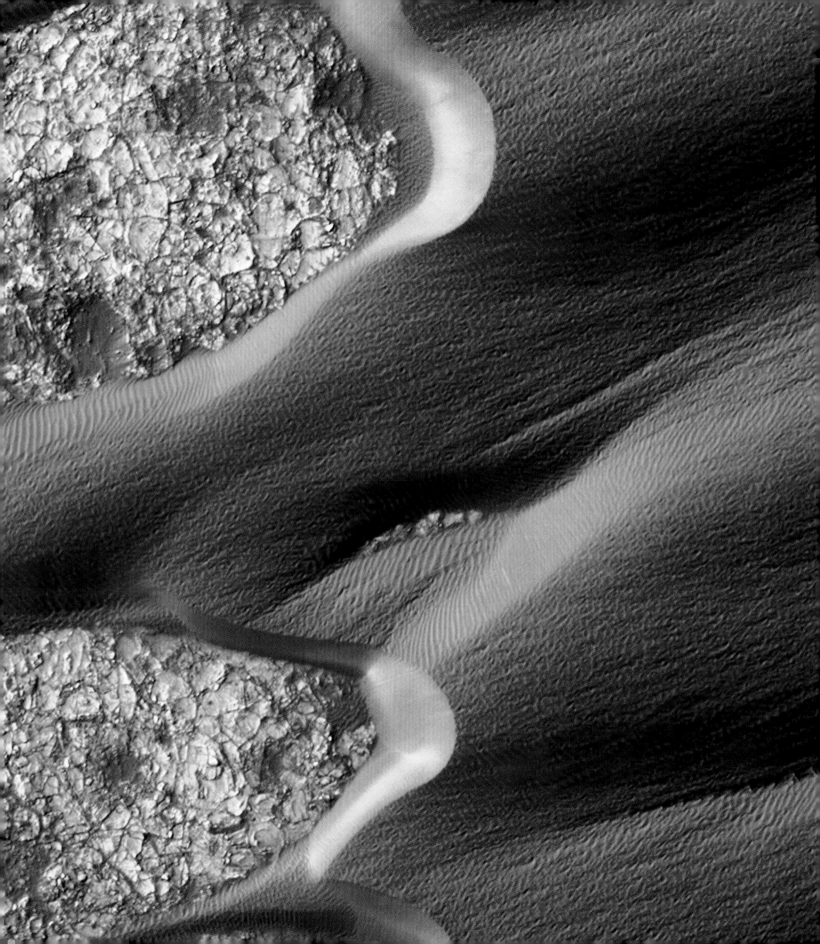

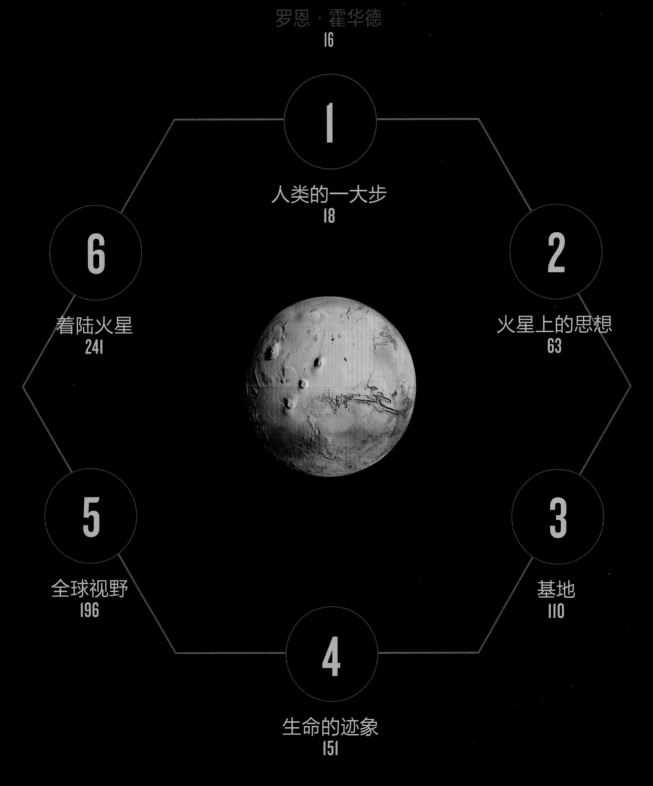

尼罗山口（对页），火星上最活跃的沙丘地带之一

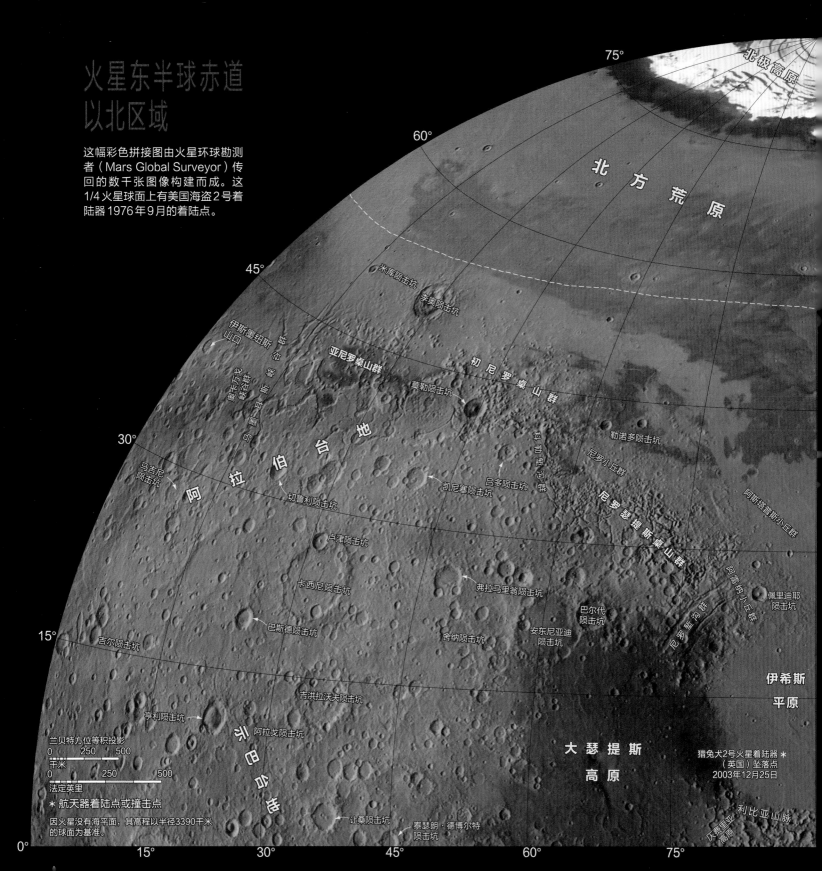

火星东半球赤道以北区域

这幅彩色拼接图由火星环球勘测者（Mars Global Surveyor）传回的数千张图像构建而成。这1/4火星球面上有美国海盗2号着陆器1976年9月的着陆点。

75°

60°

45°

30°

15°

0°

北极高原

北 方 荒 原

米庫陨击坑

李奥陨击坑

伊斯墨纽斯山口

奥卡万戈峡谷群

吕墨尔峡谷群

亚尼罗桌山群

伯拉台地

阿拉

莫勒陨击坑

初尼罗桌山群

科勒陨击坑

尼罗小丘群

勒诺多陨击坑

阿斯塔普斯小丘群

切鲁利陨击坑

凯尼塞陨击坑

吕多陨击坑

尼罗瑟提斯桌山群

阿雷纳小丘群

佩里迪耶陨击坑

马吉尼陨击坑

卢津陨击坑

卡西尼陨击坑

弗拉马里翁陨击坑

巴尔代陨击坑

安东尼亚迪陨击坑

尼里菲沙群

吉尔陨击坑

巴斯德陨击坑

舍纳陨击坑

伊希斯平原

吉洪拉沃夫陨击坑

亨利陨击坑

阿拉戈陨击坑

示巴台地

大瑟提斯高原

猎兔犬2号火星着陆器 ✱（英国）坠落点
2003年12月25日

让桑陨击坑

泰瑟朗·德博尔特陨击坑

利比亚山脉

以费里亚高原

兰贝特方位等积投影

千米
0   250   500

法定英里
0   250   500

✱ 航天器着陆点或撞击点

因火星没有海平面，其高程以半径3390千米的球面为基准。

15°   30°   45°   60°   75°

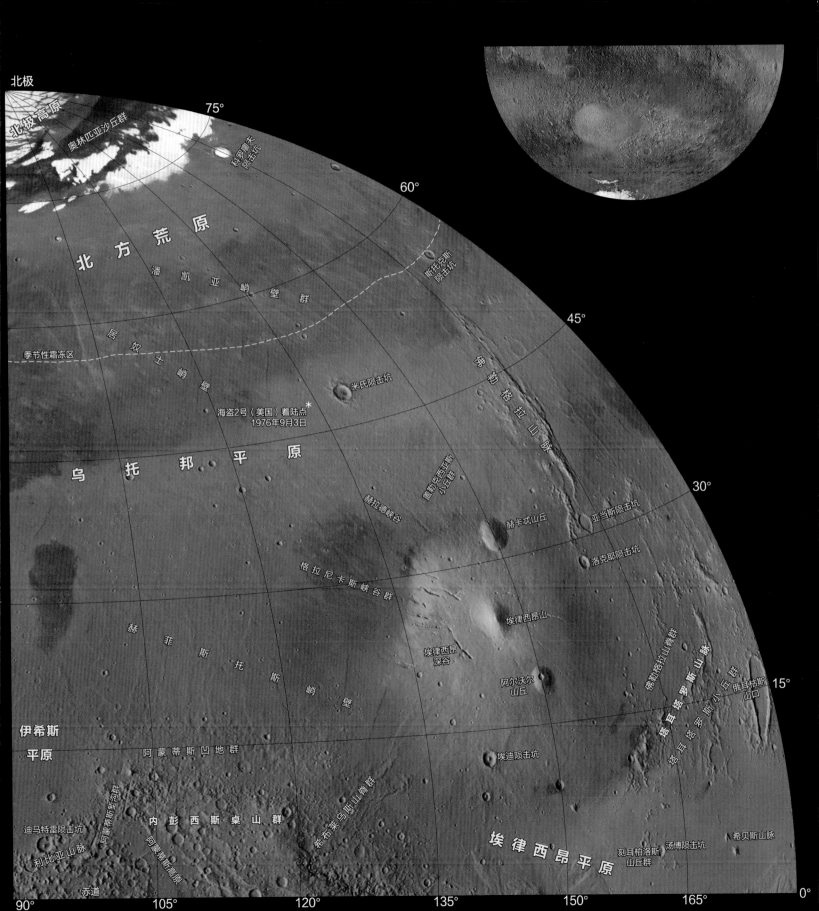

北极

北极高原

北方荒原

奥林匹亚沙丘群

75°

科罗勒夫陨击坑

60°

潘 凯 亚 峭 壁 群

斯托克斯陨击坑

45°

尼 奴 士 峭 壁

季节性霜冻区

米氏陨击坑

佛 勒 格 拉 山 脉

海盗2号（美国）着陆点
1976年9月3日

30°

乌 托 邦 平 原

雷勒尼西四斯小丘群

赫拉德峡谷

赫卡忒山丘

亚当斯陨击坑

洛克耶陨击坑

格拉尼卡斯峡谷群

埃律西昂山

赫 菲 斯 托 斯 峭 壁

埃律西昂深谷

佛勒格拉山脊群

塔 耳 塔 罗 斯 山 脉

15°

阿尔沃尔山丘

塔耳塔罗斯小丘群

俄耳枯斯山口

伊希斯

埃迪陨击坑

平原

阿蒙蒂斯凹地群

迪马特雷陨击坑

内彭西斯桌山群

希布莱乌斯山脊群

埃 律 西 昂 平 原

阿蒙蒂斯轩辕沟群

利比亚山脉

阿蒙蒂斯高原

刻耳柏洛斯山丘群

汤博陨击坑

希贝斯山脉

赤道

90°

105°

120°

135°

150°

165°

0°

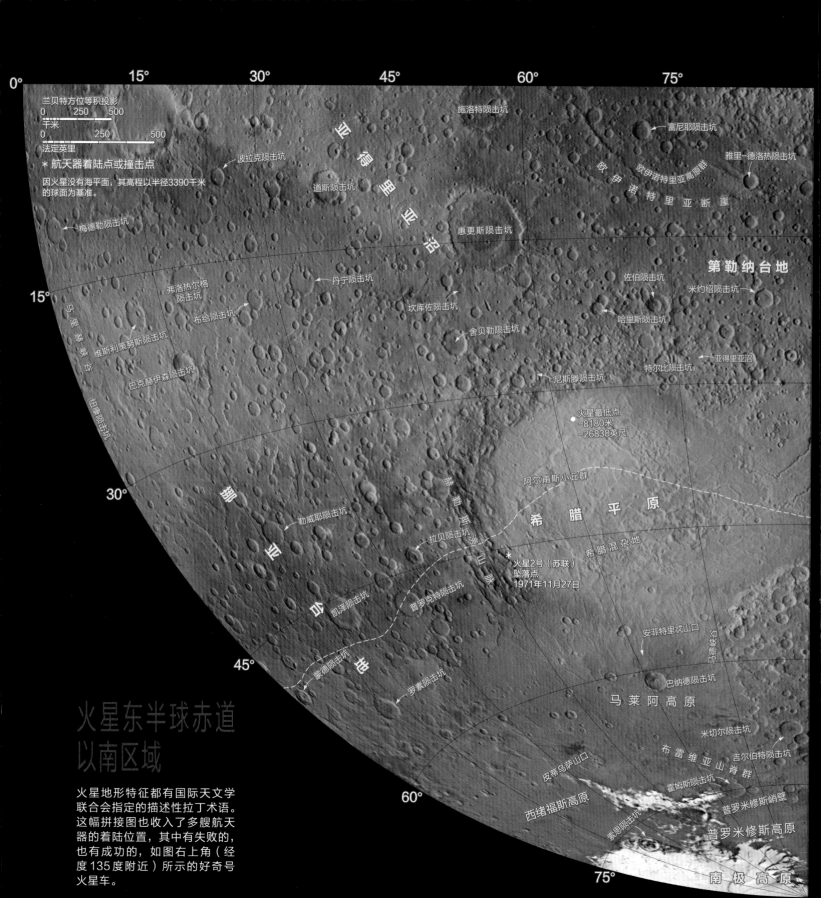

0°
15°
30°
45°
60°
75°

兰贝特方位等积投影
千米
0   250   500
0   250   500
法定英里
✳ 航天器着陆点或撞击点
因火星没有海平面，其高程以半径3390千米
的球面为基准。

施洛特陨击坑
富尼耶陨击坑
雅里-德洛热陨击坑

波拉克陨击坑
欧伊诺特里亚高原群
欧伊诺特里亚断崖

西德里亚沼

梅德勒陨击坑
道斯陨击坑
惠更斯陨击坑
第勒纳台地

弗洛热尔格陨击坑
丹宁陨击坑
佐伯陨击坑
米约绍陨击坑

15°
马里赫案谷
布给陨击坑
坎库佐陨击坑
哈里斯陨击坑

维斯利策努斯陨击坑
舍贝勒陨击坑
特尔比陨击坑
亚得里亚沼

巴克赫伊森陨击坑
尼斯滕陨击坑

纽康陨击坑
火星最低点
-8180米
-26838英尺

30°
耶亚台地
勒威耶陨击坑
赫
普
阿尔甫斯小丘群
希腊平原

拉贝陨击坑
那
希腊混杂地

普罗克特陨击坑
火星2号（苏联）
坠落点
1971年11月27日

凯德陨击坑
安菲特里忒山口

45°
蒙德陨击坑
巴纳德陨击坑
马德峡谷

罗素陨击坑
马莱阿高原

米切尔陨击坑
火星东半球赤道
以南区域
布雷维亚山脊群
吉尔伯特陨击坑

皮蒂乌萨山口
火星地形特征都有国际天文学
联合会指定的描述性拉丁术语。
这幅拼接图也收入了多艘航天
器的着陆位置，其中有失败的，
也有成功的，如图右上角（经
度135度附近）所示的好奇号
火星车。
霍姆陨击坑
普罗米修斯峭壁

60°
西绪福斯高原
素毕陨击坑
普罗米修斯高原

75°
南极高原

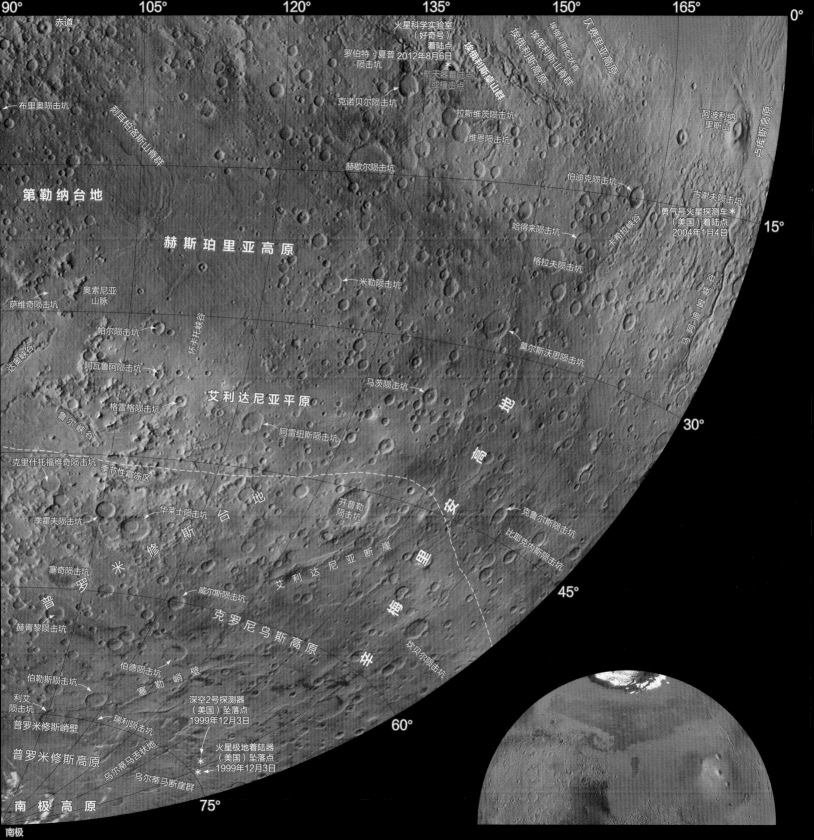

90° 105° 120° 135° 150° 165° 0°

赤道
布里奥陨击坑
第勒纳台地
刻耳伯洛斯山脊群
赫斯珀里亚高原
萨维奇陨击坑
奥索尼亚山脉
达奥峡谷
帕尔陨击坑
怀卡托峡谷
米勒陨击坑
阿瓦鲁阿陨击坑
艾利达尼亚平原
鲁尔峡谷
格雷格陨击坑
阿雷纽斯陨击坑
克里什托福维奇陨击坑
季节性霜冻区
华莱士陨击坑
季霍夫陨击坑
开普勒陨击坑
罗
普
米
修
斯
台
地
塞奇陨击坑
威尔斯陨击坑
艾利达尼亚断崖
赫胥黎陨击坑
克罗尼乌斯高原
伯勒斯陨击坑
伯德陨击坑
塞勒峭壁
利艾陨击坑
深空2号探测器（美国）坠落点 1999年12月3日
普罗米修斯峭壁
瑞利陨击坑
乌尔蒂马舌状地
火星极地着陆器（美国）坠落点 1999年12月3日
普罗米修斯高原
乌尔蒂马断崖群
南极高原
南极

火星科学实验室（好奇号）着陆点 2012年8月6日
罗伯特·夏普陨击坑
埃俄利斯山脊群
埃俄利斯高原
八俄里亚高原
克诺贝尔陨击坑
航天器着陆点或撞击点
拉斯维茨陨击坑
维恩陨击坑
赫歇尔陨击坑
阿波利纳里斯山
肯索斯高原
伯迪克陨击坑
古谢夫陨击坑
哈得来陨击坑
卡希拉峡谷
勇气号火星探测车（美国）着陆点 2004年1月4日
格拉夫陨击坑
莫尔斯沃思陨击坑
马茨陨击坑
泽
地
高
克鲁尔陨击坑
比那克内斯陨击坑
里
梅
坎贝尔陨击坑
辛
马斯迪姆峡谷

15°
30°
45°
60°
75°

火星的恒河深谷中，被风吹扫的尘埃围绕着一座丘陵盘旋。

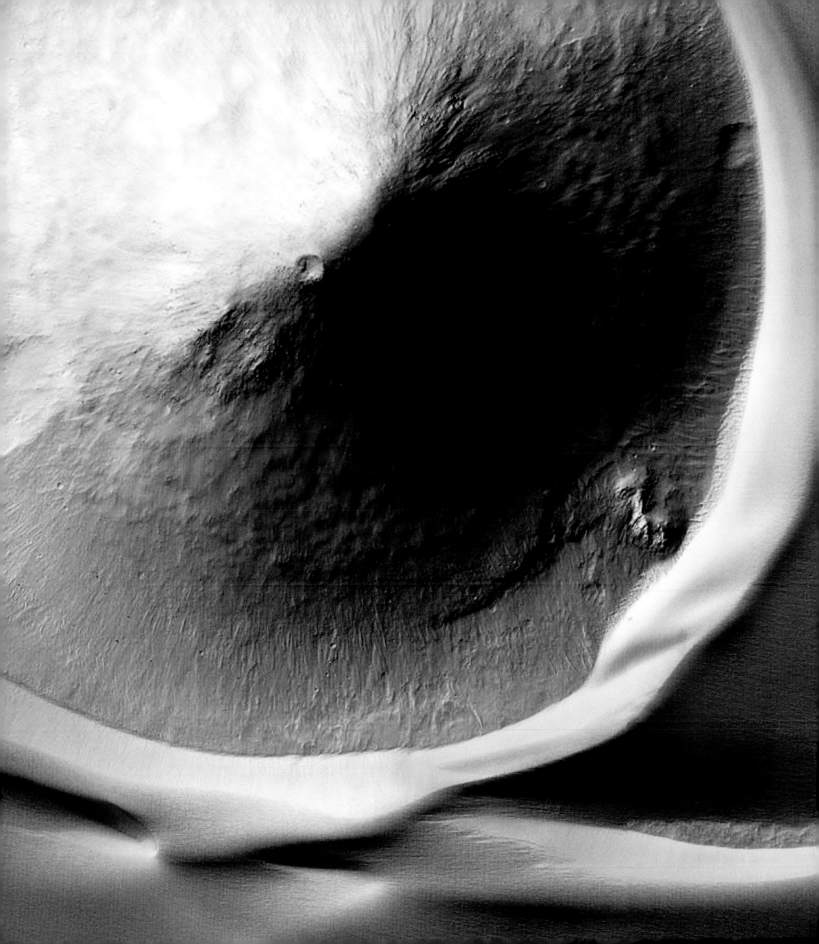

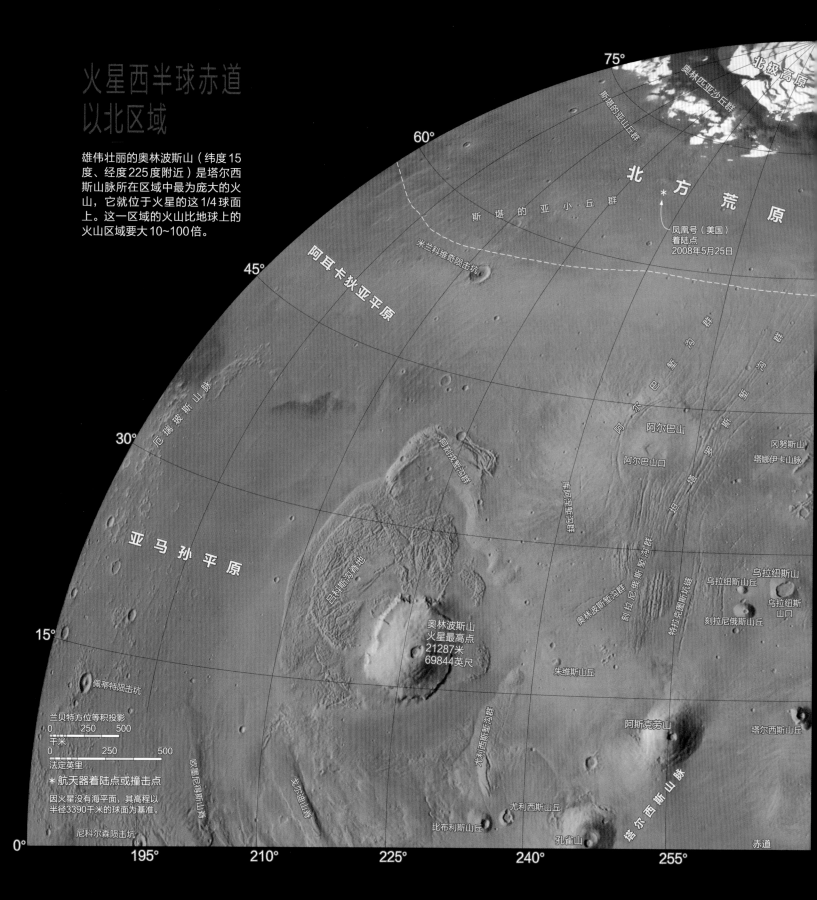

火星西半球赤道以北区域

雄伟壮丽的奥林波斯山（纬度15度、经度225度附近）是塔尔西斯山脉所在区域中最为庞大的火山，它就位于火星的这1/4球面上。这一区域的火山比地球上的火山区域要大10~100倍。

75°

北极高原

奥林匹亚沙丘群

斯堪的亚沙丘群

60°

北 方 荒 原

斯堪的亚小丘群

凤凰号（美国）
着陆点
2008年5月25日

45°

阿 耳 卡 狄 亚 平 原

米兰科维奇陨击坑

尼瑞波斯山脉

30°

阿尔巴山

阿尔巴山口

冈努斯山

塔娜伊卡山脉

阿刻戎斯沟群

赫斯珀里阿

亚 马 孙 平 原

吕科斯沟群

奥林波斯堑沟群

刻拉尼俄斯山脉

乌拉纽斯山

乌拉纽斯山口

刻拉尼俄斯山丘

奥林波斯山
火星最高点
21287米
69844英尺

朱维斯山丘

15°

佩蒂特陨击坑

兰贝特方位等积投影
0   250   500
千米
0   250   500
法定英里

★ 航天器着陆点或撞击点

因火星没有海平面，其高程以半径3390千米的球面为基准。

欧墨尼得斯沟群

尤利西斯堑沟群

戈尔迪山脊

阿斯克劳山

塔尔西斯山丘

尼科尔森陨击坑

比布利斯山丘

尤利西斯山丘

孔雀山

塔 尔 西 斯 山 脉

赤道

0°

195°   210°   225°   240°   255°

北极

北极高原

75°

北方荒原

60°

罗蒙诺索夫陨击坑

库诺夫斯基陨击坑

阿西达利亚平原

45°

季节性霜冻区

佩列皮奥尔金陨击坑

巴拉巴绍夫陨击坑

斯克洛多夫斯卡陨击坑

阿斯库里斯
高原 滕 比 台 地

伊甸园山口

基多尼亚桌山群

30°

尼罗角断崖

克律塞平原

居里陨击坑

大山陨击坑

贝克勒耳陨击坑

奥克夏
小丘群

沙罗诺夫陨击坑

阿
拉
伯
台
地

海盗1号（美国）
着陆点
1976年7月20日 ✱

萨克拉桌山

火星探路者（美国）
着陆点
✱ 1997年7月4日

卢瑟福陨击坑

费先科夫陨击坑

特鲁夫洛陨击坑

拉道陨击坑

15°

马特陨击坑

马苏尔斯基陨击坑

卢 娜 高 原

萨根陨击坑

伽利略陨击坑

厄科山脉

克 珊 忒 台 地

克罗姆林陨击坑

奥森·韦尔斯
陨击坑

菲尔索夫陨击坑

哈弗尔峡谷

270° 285° 300° 315° 330° 345° 0°

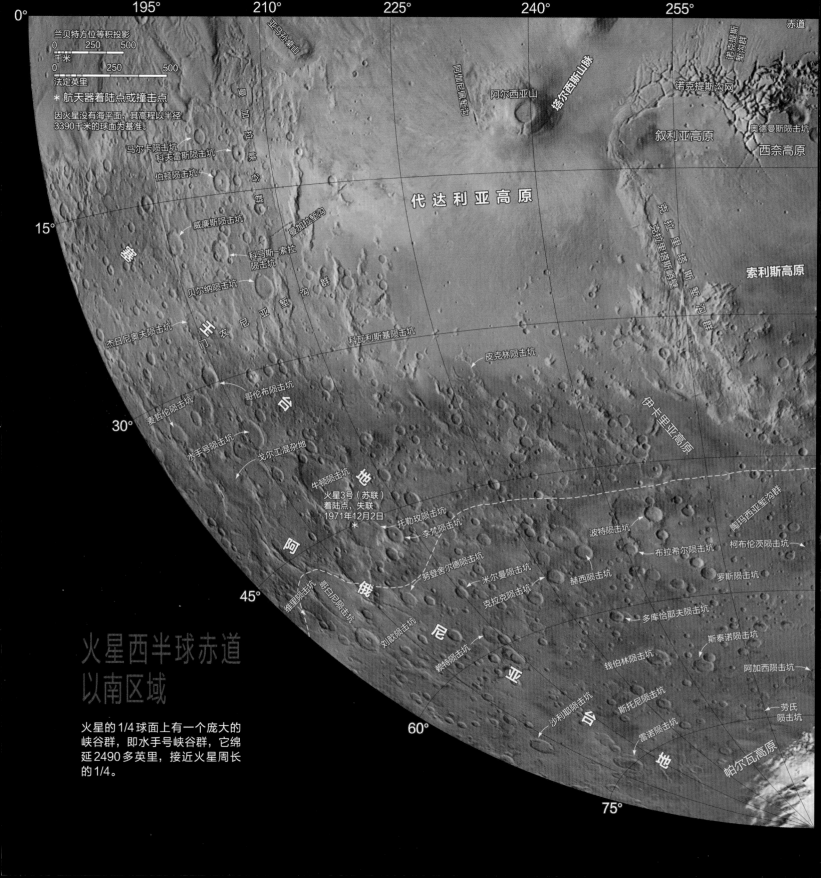

0°

195°   210°   225°   240°   255°   赤道

兰贝特方位等积投影

千米
0   250   500

法定英里
0   250   500

* 航天器着陆点或撞击点

因火星没有海平面，其高程以半径
3390千米的球面为基准。

亚马孙高山

阿尔西亚山

培尔西斯山脉

诺克提斯沟网

奥德曼斯陨击坑

叙利亚高原

西奈高原

代达利亚高原

索利斯高原

马尔卡陨击坑
科夫雷斯陨击坑
伯顿陨击坑

15°

威廉斯陨击坑

科马斯—索拉
陨击坑

贝尔纳陨击坑

门　农　尼　亚　堑　沟　群

杰日尼奥夫陨击坑

科瓦利斯基陨击坑

皮克林陨击坑

伊卡里亚高原

麦哲伦陨击坑

哥伦布陨击坑

30°

水手号陨击坑

戈尔工混杂地

牛顿陨击坑

火星3号（苏联）
着陆点，失联
1971年12月2日
*

托勒玫陨击坑

李梵陨击坑

努登舍尔德陨击坑

波特陨击坑

布拉希尔陨击坑

柯布伦茨陨击坑

罗斯陨击坑

陶玛西亚堑沟群

45°

维里陨击坑

哥白尼陨击坑

米尔曼陨击坑

克拉克陨击坑

赫西陨击坑

多库恰耶夫陨击坑

斯泰诺陨击坑

刘欣陨击坑

阿　俄　尼　亚　凹　地

赖特陨击坑

钱伯林陨击坑

斯托尼陨击坑

阿加西陨击坑

劳氏
陨击坑

60°

沙利耶陨击坑

雷诺陨击坑

帕尔瓦高原

火星西半球赤道
以南区域

火星的1/4球面上有一个庞大的
峡谷群，即水手号峡谷群，它绵
延2490多英里，接近火星周长
的1/4。

75°

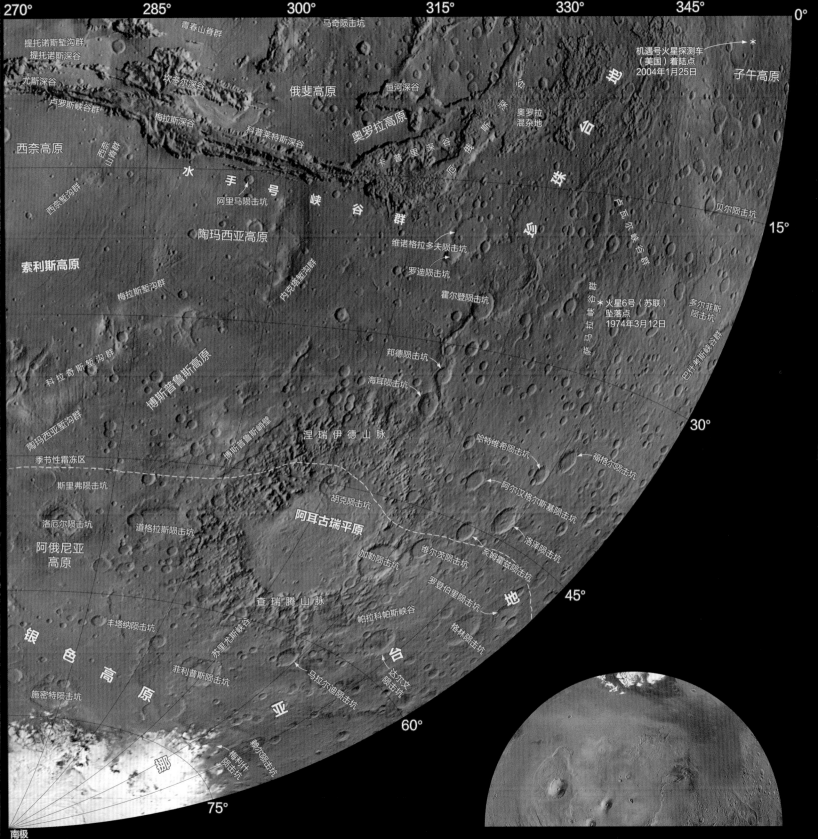

270°　285°　300°　315°　330°　345°　0°

提托诺斯堑沟群
提托诺斯深谷

尤斯深谷

卢罗斯峡谷群

西奈高原　西奈群山脊群

西奈堑沟群

索利斯高原

科拉奇斯堑沟群

陶玛西亚堑沟群

季节性霜冻区

斯里弗陨击坑

洛厄尔陨击坑

阿俄尼亚高原

丰塔纳陨击坑

银色高原

施密特陨击坑

青春山脊群

坎多尔深谷

梅拉斯深谷

科普莱特斯深谷

陶玛西亚高原

内克塔堑沟群

梅拉斯堑沟群

博斯普鲁斯高原

道格拉斯陨击坑

苏里尤斯峡谷

菲利普斯陨击坑

马拉尔迪陨击坑

挪

飘尔陨击坑
梅利什陨击坑

马奇陨击坑

俄斐高原

恒河深谷

奥罗拉高原

水手号峡谷群

阿里马陨击坑

博斯普鲁斯崖壁

涅瑞伊德山脉

胡克陨击坑

阿耳古瑞平原

查瑞腾山脉

加勒陨击坑

帕拉科帕斯峡谷

维诺格拉多夫陨击坑

罗迪陨击坑

霍尔登陨击坑

邦德陨击坑

海耳陨击坑

维尔茨陨击坑

罗登伯里陨击坑

奥罗拉混杂地

卡普里深谷

尼

俄斯

海

斯

珍

珠

地

古尔峡谷群

哈特维希陨击坑

阿尔汉格尔斯基陨击坑

亥姆霍兹陨击坑

格林陨击坑

谷

玛

拉

斯

台

亚

地

达尔文陨击坑

机遇号火星探测车
（美国）着陆点
2004年1月25日

子午高原

贝尔陨击坑

火星6号（苏联）
坠落点
1974年3月12日

多尔菲斯陨击坑

巴叶考斯基峡谷群

福格尔陨击坑

洛泽陨击坑

0°

15°

30°

45°

60°

75°

南极

前言

当我还是个男孩的时候，先驱者们的经历就令我兴奋不已。像《西部开拓史》这样的老电影激发了我的想象力，欧洲探险家为寻找未知之地而开始漫长、危险的海洋之旅的故事也让我无限向往。

接着，在我15岁的时候，阿波罗11号被我们送上了月球。当尼尔·奥尔登·阿姆斯特朗和巴兹·奥尔德林成为第一批踏上月球的人类时，与数以亿计的观众一道，我屏息静气地观看了他们的壮举。我们实现了看似不可能做到的事情，这一点深深地打动了我。在那次广播中，任务控制中心将尼克松总统打来的电话转接给宇航员。他对他们说道："因为你们的成就，天空已经成为人类世界的一部分。"

一个崭新的领域开启了。

仅仅26年后，我开始拍摄电影《阿波罗13号》。我很高兴能有此机会去讲述这些勇敢的现代探险家的故事，他们冒着生命危险诠释了人类的潜能。我曾采访过大多数早期宇航员及许多其他太空计划参与者的不寻常经历。而每一次交谈都指向一个结论：我们已经走了这么远，我们必须继续走下去。巴兹·奥尔德林坚定地告诉我，下一个要为之努力的梦想就是把人类送上火星。

每一代都有新的前沿领域，也就是我们应当发现、探索和理解的新地方和新思想。这就是好奇心，它是驱动我们所有人，使我们成为人类的力量。我们提出问题，而在回答问题的过程中，我们学习并进化。

长久以来，我们一直在问有关把人类送上火星的问题。而一个多世纪以来，科幻作家也一直在写这方面的文章。这只是一个等待时机来解决的问题，等待技术能够跟上我们想象力步伐的那一刻。

像埃隆·马斯克这样有远见的人士认为，时机就在眼下，这就是为什么如今是讲述这个故事的最佳时机。当火星系列片计划到了布莱恩·格雷泽和我这里时，我们立刻就被这一主题的活力和这部系列片提供的创新可能性所吸引。这正是我们先前所面临并一直在寻找的那种叙事挑战——关于人类精神之伟大的故事，通过使之发生的人类心灵和思想的视角来讲述。

随着对这部系列片的想法逐渐成熟，我开始以自己从未有过的方式思考火星。这部系列片不仅仅是围绕一次前往火星的任务——这在电影和纪录片中已有一定程度的涉及；它将需要一个更大、更长，也更史诗化的视角来看待实际的殖民。而当我开始了解那些数量惊人的对人类在火星上生存能力的研究时，我完全被迷住了。

我有一个崭新的先驱者的故事要讲述。

随着创意过程和团队的会集，我们选定了一个独特新颖的叙事角度：在我们已经去过火星的前提下，我们采取从未来回顾的方式讲述火星殖民故事，而这也是把我们带到那里所需要的经历。为了实现这一点，我们以纪录片和剧本叙事混合的形式创作这部系列片，我们的纪录片片段充当虚构未来的过去式。以一种新的方式将这两种体裁结合起来是一项令人兴奋的挑战，会使观众如同身临其境，并带给他们一种发自肺腑且逼真的感受——去火星旅行和殖民火星是什么感觉。

每一项伟大的任务都需要一支伟大的团队，而这个计划也不例外。感谢所有帮助我实现这一切的合作伙伴：布莱恩·格雷泽和想象娱乐公司的每一位；瑞前数码影像公司，它总是能技艺精湛地完成它的作品；还有《美国国家地理》，它一直致力于帮助我们更好地理解我们生活的及其之外的世界，我也非常欣赏《美国国家地理》在真实性和科学准确性方面极为严格的要求。在整个编剧过程中，围绕工程和硬科学的审核水平是我们引以为傲之处——而这也是该系列片不同寻常的部分原因所在。

这根本就不是一部科幻小说，这是真正的科学。而在展示纪录片方面，我们拥有当今世界上许多——即使不是全部——最伟大的头脑，他们都在关注这个话题。他们是我们值得信赖的向导。我希望这部系列片和这本书将作为一部独特的历史记录——人们在未来几十年中可以回顾它，并且会说，"他们没有完全搞清楚，但是看看他们已经知道了多少"。这就是我的目标：要让50年后的人们感到惊讶，因为我们清楚地意识到，在人类层面和科学层面上，去往火星并创造新的文明需要什么。

我希望这本书能点燃人们的想象力，揭示这独特的历史时刻的力量和可能性，并激励下一代先驱者们。

我很荣幸参与了将这一愿景带给全世界的过程。

——罗恩·霍华德[*]

编者按：这本书是配合美国国家地理频道特别系列片《火星》而创作的，该系列片由想象娱乐公司（Imagine Enterainment）和瑞前数码影像公司（RadicalMedia）出品。书中每一章都与系列片的一集保持同步，会提供一份简短的剧情简介，并且对我们到达、探索及定居火星时所面临的科学、工程和伦理挑战给出极具吸引力的深度解读。（本书英文原版于2016年出版。）

---

[*] 罗恩·霍华德（Ron Howard），奥斯卡获奖电影制片人，好莱坞最受欢迎的导演之一。导演电影包括广受好评的剧情片《美丽心灵》《阿波罗13号》。1986年与布莱恩·格雷泽（Brian Grazer）共同创立想象娱乐公司。与瑞前数码影像公司共同制作了美国国家地理频道第六频道《火星》系列片。

人类的一步

登上火星是第一项挑战。在安全进入、下降并着陆在这颗行星表面之后，人类抵达了一个从未被称为"家园"的地方。

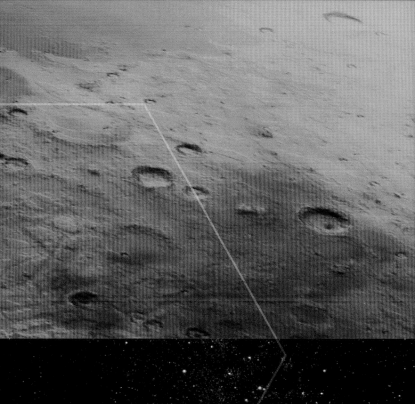

冒险一试：一幅艺术想象图
展现了正在接近火星的NASA
火星科学实验室航天器，好
奇号火星车就藏身其中。
前页（背景图）：欧洲空间
局的罗塞塔号探测器于2006
年看到的火星是一团散射的
光晕。

1

人类的一大步

21世纪30年代的某一天，一片奇怪的阴影从火星泛红的远景中滑过。

第一批来自地球的远征队员抵达火星，这一历史性的行动平衡了随性混杂起来的火箭推进力、坚定的意志和难得一见的运气等因素。飞船在接近这颗行星时，伸出了着陆架。人类利用动力装置在火星上进行安全的降落是一场名副其实的烈火试炼。

无人航天器之前就曾造访过那里。在过去的几十年里，火星经历了飞掠、环绕、撞击、雷达脉冲、相机测绘、监听、伞降以及弹跳、翻滚、铲挖和钻孔、嗅闻、烘烤、品尝，还有激光攻击。

但是迄今为止，人类对火星的探测还有最后一件事没有完成，那就是人类亲自踏上这颗红色行星。到了21世纪，人类有望第一次把脚印印在这颗遥远行星的沙尘表面。

咆哮的发动机渐渐熄灭，随后着陆器完全停稳，才宣告了这场历时数百天、路途数百万公里的长途跋涉顺利完成。队员们已经饱受长时间宇宙飞行带来的生理、心理和社会压力。然而当他们双脚踏上火星土地的那一刻，摆在人类面前的困难和艰辛才真正开始。这注定是一场险象环生却意义非凡的探险，自此，地球和火星——这两颗太阳系中距太阳第三和第四远的行星，将被这些来自地球上各个国家的探路者们永远联系在一起。不过，踏上火星只是第一步，难的是在火星上长期生存下来。

把这么多人从地球送到火星上拓荒，要历经长达数月的旅程，需要带上大量补给和装备：食物、水、各种工具和必需品，还有防辐射设备。这意味着要把千百吨重物一次发射离开地球，这一切全靠重型运载火箭的帮助才能得以实现。

科学家和工程师们很早就开始为人类的第一个火星基地寻找理想的地点。最佳基地位置的选择并不仅仅出于安全的考虑，还必须有极高的科学探索价值，或者说，可以为人类在这颗红色行星上寻找生命的"第二个摇篮"提供线索。

准备着陆！艺术想象图描述了2008年NASA凤凰号着陆器使用脉冲火箭发动机在火星北极平原上着陆的场景。

第 1 集

新世界

人类第一艘火星载人飞船代达罗斯号（Daedalus），终于将要抵达这次长途跋涉的终点。这颗红色行星正静静地注视和等待着这艘飞船是否能安全着陆。然而，在进入火星大气层时，推进器检测到一个故障，幸而指挥官应对得宜，及时迫降，才没有造成严重的灾难事件，但指挥官本人却在这次迫降中负伤。更糟糕的是，这次迫降使得代达罗斯号不得不降落在偏离预定着陆点很远的地方。

此外，人类要想在这颗红色行星上停留足够长的时间，就应当着眼于火星本身的资源。目前，一组新的航天器正计划搜寻火星的地下水冰。地球与火星之间还必须有强大的通信卫星来保持两个星球之间的联络。火星和地球之间距离遥远，因此尽管讯息可以以光速传播，但这两个世界之间的通信还是会有延迟。

不再"灰头土脸"地着陆

人类的第一批火星宇航员已从他们诸多前辈——各种火星探测轨道器和着陆器——的宝贵经验中获益良多。例如，现在（2018 年）正在环绕火星进行探测的 NASA 火星奥德赛号（Mars Odyssey）、火星勘测轨道飞行器（Mars Reconnaissance Orbiter，MRO）和执行火星大气与挥发物演化（Mars Atmosphere and Volatile Evolution，MAVEN）任务等国际火星探测舰队，以及欧洲的火星快车号（Mars Express）和印度的火星轨道飞行器（Mars Orbiter Mission，MOM）等小型航天器。

着陆器和巡回车中很多"先头部队"也已在这颗红色行星上等候多时。在反推进火箭、降落伞、安全气囊和一套被称作"空中吊车"的复杂装置投入使用之前，探测器着陆火星是一个"灰头土脸"的过程。最早获得"成功着陆火星"成就的是美国1976年的两个着陆器——海盗1号和海盗2号，随后还有1997年的探路者号火星车，2004年的火星车孪生兄弟——勇气号和机遇号，2008年的凤凰号着陆器，以及目前为止最新、最先进的火星车——2012年8月成功着陆于火星的NASA火星科学实验室好奇号火星车，它有一辆小汽车大小。目前，火星表面上工作过的着陆器和火星车重量已超过2000千克[*]。

但载人着陆——探测器不仅要带着乘客，还要带着各种维持生命的装备——又完全是另一回事了，这样的安全着陆必须使用目前尚未尝试过的先进技术。想要用火箭把这些乘客和设备运送到火星上，可比当年阿波罗号把宇航员运送到月球上要困难得多，因为火星上的重力更大，而且火星还有大气层。确实，火星的大气层非常稀薄，但也足以在探测器进入大气层的过程中产生大量的热了。因此对探测器来说，既要能够抵御大量的热，但也不能太厚重以至着陆阶段难以减速——这对大质量的载人航天任务来说就更加困难了。

目前的研究表明，最佳着陆策略是利用空气动力学来减速，直到探测器的速度降到超声速，然后，空气动力系统分离，降落舱的火箭发动机点火，让探测器可以在一个保持控制的状态下着陆。不过，加入了人的因素，安全着陆的挑战就更大了，因为如果想要通过降落伞使一个人着陆到火星表面——比如，把人装进一个40吨重的着陆器中——就要求降落伞得有美国的玫瑰碗体育场那么大（约0.04平方千米）。大型充气式空气制动减速装置和超声速反推进装置如今被认为是把人类和各种所需的用品带往火星的最佳选择。

禁区之旅

可是，哪里才是第一批火星探测队员们的最佳着陆地点呢？这是有明确标准的，而且NASA也已经在按照这些标准来寻找着陆点了。2015年10月，载人火星探测着陆点/探测区第一次研讨会在美国得克萨斯州休斯敦的月球与行星研究所（LPI）召开。会上，研究者们提出了近50个备选着陆点。这次会议被华盛顿总部的NASA行星科学主任詹姆斯·格林称为"历史性的转折点"。"认真讨论火星上哪些地方适合人类着陆以及展开工作和科学研究，是人类把登陆火星变成现实的起点。"他对与会者们如是说。

---

[*] 原文是"共计900千克"，但这是不可能的，因为好奇号一辆火星车就已经有900千克重了。——译者注

对于在21世纪30年代将美国宇航员送上火星的愿景、时间表和计划，科学界和政界都已达成新的共识。越来越多的国家也都发现了火星的重要性。

——查尔斯·博尔登（NASA行政官）

预期的着陆点必须满足NASA的如下条件：一是每个着陆区必须能大到囊括一个直径超过100千米的圆形探测区；二是着陆区应当位于南北纬50度以内；三是着陆区应当有能力支持3~5次着陆，允许4~6位探险队员执行超过500个火星日的任务。

显然，选择火星着陆点最重要的因素还是安全。着陆区必须远离砾石区、陡坡、沙丘、陨击坑和强风地带。要知道，火星盛行的尘暴可能损坏宇航服、各种设备和基地的空气闸门，而宇航员着陆的时候要是在飞船里摔个面朝天就更加糟糕了。

但具有科学研究和可持续生存价值对火星着陆的选址也同样重要，因此理想的着陆点必须允许探险队员们在这颗红色行星上进行科学探测并能在当地获取维持生存所需的资源。对于后者，NASA有一个硬性指标：任何一个探测区必须能够获取至少100吨水，以维持探险队员在此处生活15年。

艰难求生

然而，当NASA宇航员斯坦利·洛夫被问及对将来火星载人探测之旅的看法时，他的回答出人意料：宇航员其实压根儿不在乎将会去往火星的哪里。

"我们在意的是安全和可操作性，"洛夫解释道，"我们极其在意着陆区是不是会置我们于死地，在意我们能否完成预定任务。"而且他着重强调了后者：着陆火星是一项"非常、非常危险的挑战"，一旦宇航员真的踏上了火星，"光是努力活着就已经需要拼尽全力了"。

有趣的是，洛夫补充道，那些载人登陆火星所需的条件，不仅探险队员们需要，其实着陆火星的机器巡回车（即火星车）也一样需要。他还强调了一件令人忧伤的事，探测队员们还有一个担忧就是"虱子"。不管是宇航服的泄漏，还是火星基地的泄漏，火星上任何漏气事件的发生，都意味着人类身上带来的细菌和病毒会泄漏到火星上去。而同样的，人类也无法阻止火星上的东西进入人类的生活基地。

"对火星探测队员们来说，还有一个抉择摆在他们面前，"洛夫说，"如果探测队员们发现了一些非常适合探测火星生命的地方，他们应当去探测吗？抑或应当以'保护行星原生态'为第一要务，不冒任何'使火星被地球上的生物污染'的危险呢？"

"这绝对是一个艰难的选择。"洛夫表示。

在哪里着陆

与此同时，科学家们也一直在致力于寻找人类首次着陆的合适地点。位于加利福尼亚州帕萨迪纳的NASA喷气推进实验室的里奇·楚雷克，是负责火星勘测轨道飞行器项目的科学家。他所在的小组正在加紧研发NASA的下一代火星轨道器，其上要搭载一组仪器，其中就包括强大的可以探测火星地下水冰资源的雷达。在这些最先进的探测仪器数据帮助下，人类前哨着陆火星的选址地点和适宜性将得到大幅改进。

着陆点调查者们畅想派遣无人着陆器先期抵达选址。它们的使命是确保那些将来人类可能着陆的区域已经具备优良的环境来迎接人类的光临。或许早期的住宅构件已经安置到位，想象一下将来可能会有一句机器人版的汽车旅馆宣传语这样写道：机器人们已经把住处准备妥当，我们会给您留着灯等待您的光临。

前哨站的较大部件可以分派多次火星任务来运送。物资送抵的平稳节奏确保远征队员们赖以为生的基础设施有序扩建。而即便是载人宇宙飞船也是继续遵循这种模式。每次任务多携带一些补给，每一批轮换的队员就能为前人的工作添砖加瓦，如此日积月累，对地球运送补给的需求也会减少。

资源丰富的红色行星

一旦人类踏上火星，就意味着从此要在这个偏远的行星上自力更生了。好在我们已经知道，火星是一个资源丰富的行星，有着大量可用于未来远征开采的资源。

但人类想要在这片神奇的环境中扎根生存却是说起来容易做起来难，我们需要建立一套原位资源利用系统（简称ISRU，宇航术语），也就是通过在火星当地获取的资源来满足火星探测的需要，让火星探测不仅仅是在忍受火星的环境，还要能利用火星的环境。那么，人类需要什么资源才能实现到火星并适应那里长期而枯燥的生活又收获满满呢？

佛罗里达州肯尼迪空间中心科学与技术项目分部的高级技术人员罗伯特·米勒表示，火星的原位资源利用系统（ISRU）正在研发中。

首先，火星的水和二氧化碳对人类探测来说是最宝贵的资源，这些资源可以为载人飞船返回地球时的上升舱提供推进剂。

其次，火星丰富的资源也完全可供人类使用和挑选：这些利用火星本身资源制造的产品可以用来维持生命、种植庄稼，甚至用来防辐射。可以说，最终的火星着陆和探测区域的确定，很大程度上就取决于这里有哪些可供维持人类生命的资源。

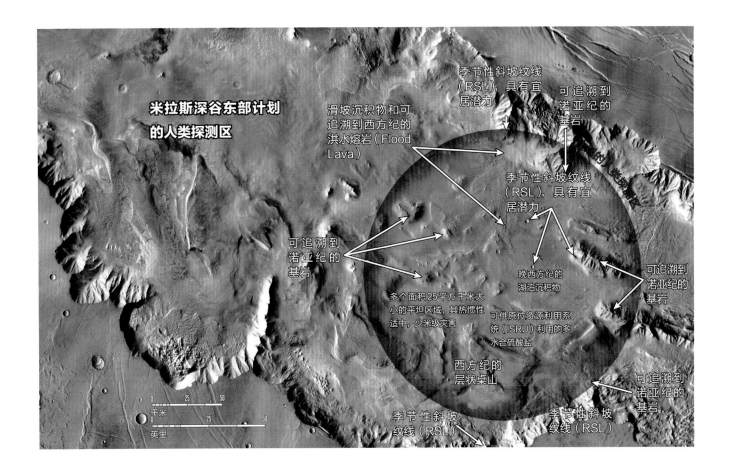

米拉斯深谷东部计划的人类探测区

季节性斜坡纹线（RSL），具有宜居潜力

滑坡沉积物和可追溯到西方纪的洪水熔岩（Flood Lava）

可追溯到诺亚纪的基岩

季节性斜坡纹线（RSL），具有宜居潜力

可追溯到诺亚纪的基岩

可追溯到诺亚纪的基岩

多个面积25平方千米大小的平坦区域，其热惯性适中，少米级灾害

晚西方纪的湖泊沉积物

可供原位资源利用系统（ISRU）利用的多水合硫酸盐

西方纪的层状桌山

季节性斜坡纹线（RSL）

季节性斜坡纹线（RSL）

千米 0 25 50
英里 0 25 50

米勒强调，能否充分利用火星本身的资源，关系到人类在太空中能否真正独立生存于脱离地球的环境。而在这个设想明确之前，人类还有很多准备工作要做。比如，搞清楚火星有哪些资源，而其中有多少在经济和物理上是容易获取的！

科罗拉多州戈尔登市科罗拉多矿业学院太空资源中心主任安杰尔·阿布德−马德里也有志于原位资源利用系统（ISRU）的研究。他认为，虽然火星上的资源是人类可持续探险活动的有利因素，但还存在一些问题。

安杰尔·阿布德−马德里表示，关于火星资源所在之处的科学知识很重要，但要获得这些资源，就意味着要发明提取它们的最佳方法。各种配套设备当然是必需的，它们能够用来制造推进剂和辐射屏蔽，给热力系统降温，生产食物，以及寻找足够人类所需的饮用水。

在上面这张清单中，最重要的还是水。"人类前哨站的运转需要大量的液态水，而从地球上输送这种资源显然不现实。"阿布德−马德里如是说。

人类着陆火星的一个计划探测区。这类探测区包含一系列人们感兴趣的区域，既有科学意义，也具备资源开采潜力，使人类能够在这颗红色行星上停留更长时间。

水，水，到处都是水

关于火星上的水，有一个好消息绝对振奋人心。近年来，人们已经在火星上确认了多种水资源，其储量满足条件的两类合理来源，一是地下水冰/永久冻土；二是以水合矿物形式附着在岩石或细粒土中的水。

不过，还有另一种可能的水资源，那就是被称为季节性斜坡纹线（RSL）的一种近年新发现的季节性水流。这些季节性斜坡纹线被认为是间歇性的液态水冲刷留下的痕迹，尽管这些液态水可能含盐量很高。不过，季节性斜坡纹线中的液态水能否被人类使用目前尚需进一步研究和确认*。

事实上，不管是从RSL季节性水流中，从冰川或冰盖中，还是从水合矿物中，火星上的许多区域都已备好足够的水资源，但开采它们所需的能量从哪里来，这个问题仍有待研究解决。

阿布德–马德里认为，确定火星水资源的种类、位置、深度、分布和纯度等都是人类必须完成的工作。此外，工程师们还应开发各种技术来挖掘、利用、提纯和净化火星上的水资源，并判断执行这些操作所需的能量。

灾难

偏离航线 | 有太多的意外可能会使一艘去往火星的飞船偏离轨道，再难定位，例如姿态失衡而脱轨坠毁、磁暴、日冕物质抛射，甚至一颗流浪的小行星……

那会出什么问题？

长期生存在火星上

来到火星只是第一步，如何活下去才是接下来要面临的重要问题。而实现让人类在火星生存下去这一蓝图的核心策略就是充分利用火星本身的资源。如果火星探测都要通过从遥远的地球把所有必需的补给运送过来的话，这种空间探测的方式必然不可持续。

编写人类未来首次火星之旅的剧本，必然要追溯阿波罗计划的全盛时期以及把宇航员送上月球的壮举。"但载人登月和载人登陆火星毕竟是不同的"，美国罗得岛州普罗维登斯布朗大学的吉姆·黑德教授如是说。他对挥手告别地球、迈向新的目的地的征程并不陌生，他曾参与阿波罗计划，负责为登月任务评估可能的着陆地点以及培训宇航员。

---

* 但也有研究认为这种特征也可能并不是因为流水形成的，而是干燥的固体流发生季节性变化形成的。——译者注

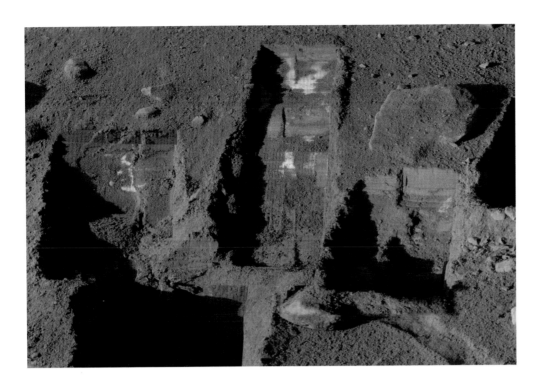

2018 年 10 月，当 NASA 凤凰号火星车着陆器用机械臂挖出一道被称为"白雪"的沟槽时，拍下了这张阴影增强处理过的伪彩色照片，可以看到沟槽中的晨霜和地下冰。

黑德回忆，阿波罗计划在美苏太空争霸的推动下节奏快且迫切。"但对于火星，我们有充足的时间。"他说道。好消息是，我们可以建立火星科学和工程的长期协作体系，正是这种技术层面的正确做法使阿波罗登月计划得以实现且富有成效。

"我们的首要任务是在火星上活下去，"黑德教授总结道，"所以我们要利用火星的资源维持生计，真正切断火星和地球母亲之间的脐带联系，这也是人类早晚要做的事情。"

在人类前往火星的最初几年里，可以先建一个半永久性基地。随着判断可利用的水及其他资源的实地考察的进行，对这颗红色行星的开拓将有望使人类能够不依靠地球而长期生活在那里。为了确保这一结果，无论是在地球上，还是在地球之外，人类已经在尽力评估安家于火星的身心压力了。

毫无疑问，火星之旅必定会给最初的探险队员们带来痛苦和忧虑，毕竟人类的心理也有其复杂的一面。那么长期生活在这个令人生畏的世界中，有哪些生物医学和社会学上的烦恼和障碍需要克服呢？

发射测试

2014年12月5日，一枚德尔塔4型重型火箭于美国佛罗里达州卡纳维拉尔角发射升空，开始了猎户座飞船的首次飞行测试。猎户座飞船绕地球飞行了两圈，时速高达3.2万千米并穿过地球的强辐射带。之后，飞船重新进入地球大气层，降落在海上着陆区并成功被回收。

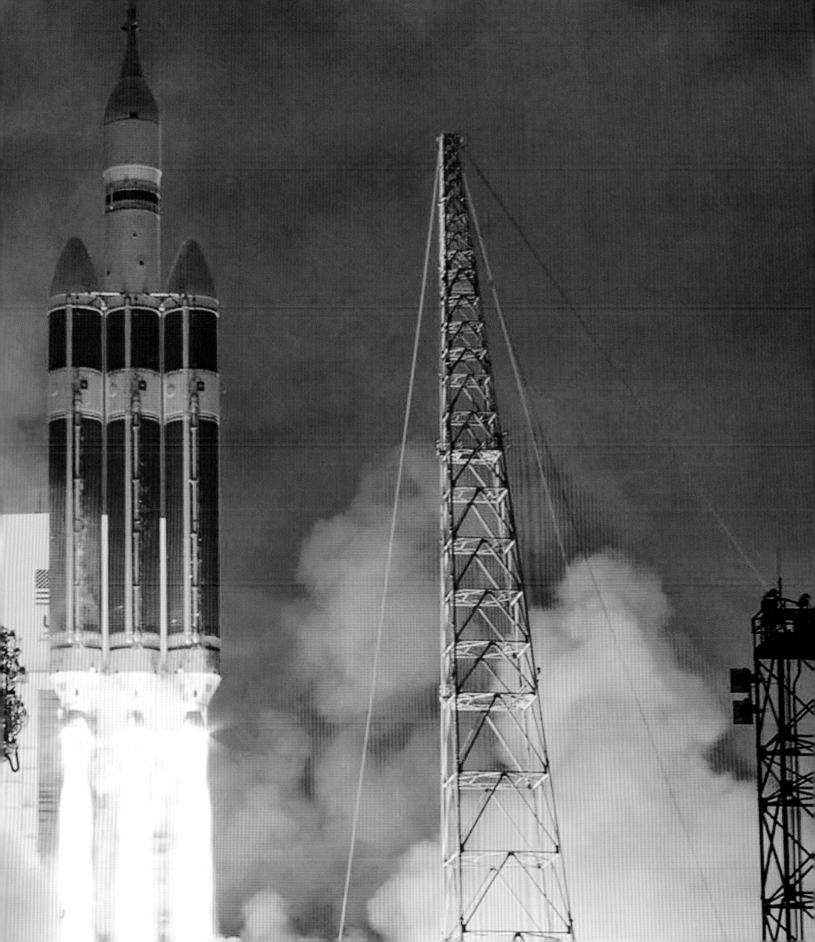

火星，我们来了

2011年11月，一枚阿特拉斯5型火箭于美国佛罗里达州卡纳维拉尔角发射升空，将火星科学实验室任务的SUV（运动型多用途汽车）大小的好奇号火星车送往火星。2012年8月，好奇号火星车在全世界的注目下成功着陆火星。

熟能生巧

NASA 宇航员斯科特·凯利
正在俄罗斯加加林宇航训练
中心的联盟号飞船模拟器中
接受训练。凯利曾和俄罗斯
宇航员米哈伊尔·科尔尼延
科一同在国际空间站执行了
将近一年的任务，两人都于
2016年3月返回地球。

英雄 | 雅尼娜·奎瓦斯

NASA约翰·C.斯坦尼斯空间中心斯洛克达因公司物料需求总规划师

雅尼娜·奎瓦斯说，把人类和物资安全送往火星是一项巨大的技术难题，这一点她比任何人都清楚。作为NASA的雇员，她致力于美国的运载火箭工作近30年了。

奎瓦斯参与了NASA以空间发射系统（SLS）的建设为代表的一项重大任务，致力于将探险队员和居住设施送往火星。SLS这一巨大助推器的目标是将乘员多达4人的猎户座飞船送往多个深空目的地，尤其是火星。SLS将是继20世纪60年代末70年代初将宇航员送上月球的土星五号以来第一个探索级运载火箭。

目前，航天飞船项目给我们留下了一组16台可用于飞行的液体推进火箭发动机，奎瓦斯说："升级这些发动机并用它们为SLS芯级提供动力，将会是一项巨大的成就。"奎瓦斯正在评估将早前航天飞船主发动机重新配置用于SLS中的可行性。她说："我的职责是确保SLS在正确的时间和正确的地点得到正确的硬件配置。"这些改装后的斯洛克达因公司RS-25发动机将支持NASA的初始任务，且运载能力达77吨，这将是目前火箭运载能力的两倍以上。

在航天飞船时代，奎瓦斯是航天飞船主发动机的首席机械技术员。装配和测试这些动力装置非常重要，她解释道，而她也非常清楚，交付飞行的产品与航天员的性命息息相关。"作为一个技术人员，我从不去计较在把硬件送到装配车间的过程中需要投入多少细节工作。"奎瓦斯指出，"我只知道我们需要及时送达，以维持正常装配流程的运转。"

为SLS准备RS-25发动机的工作正在进入显而易见的倒计时阶段。2015年1月，第一次"热火"试验完成，发动机点火运行但没有发射。后续的其他发动机点火试验也在斯坦尼斯空间中心开展，以不断积累测试数据。在进行第一次SLS探索任务测试飞行时，这台巨大的助推器将携带位于其顶端的猎户座无人飞船，从佛罗里达州肯尼迪空间中心整饬一新的发射场发射升空。未来几年，随着SLS的提升，其运载能力有望达到143吨。

奎瓦斯表示，不管你在SLS系统中扮演着什么样的角色，但就目前而言，"我们都必须把它当作一项高难度的任务来面对，因为其中没有丝毫出错的余地"。

一台RS-25发动机在轰鸣声中启动，它曾成功地为航天飞机提供动力。目前，这类发动机正在进行改装，用于NASA空间发射系统，而该系统最终将把人员和物资送往火星。

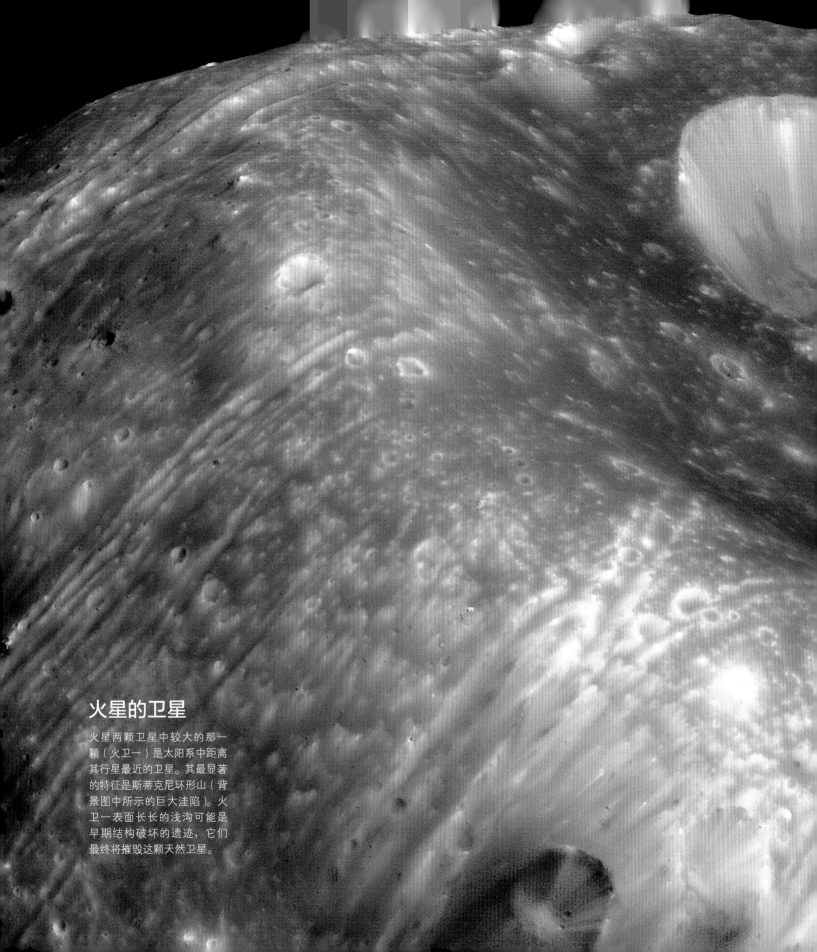

火星的卫星

火星两颗卫星中较大的那一颗（火卫一）是太阳系中距离其行星最近的卫星。其最显著的特征是斯蒂克尼环形山（背景图中所示的巨大洼陷）。火卫一表面长长的浅沟可能是早期结构破坏的遗迹，它们最终将摧毁这颗天然卫星。

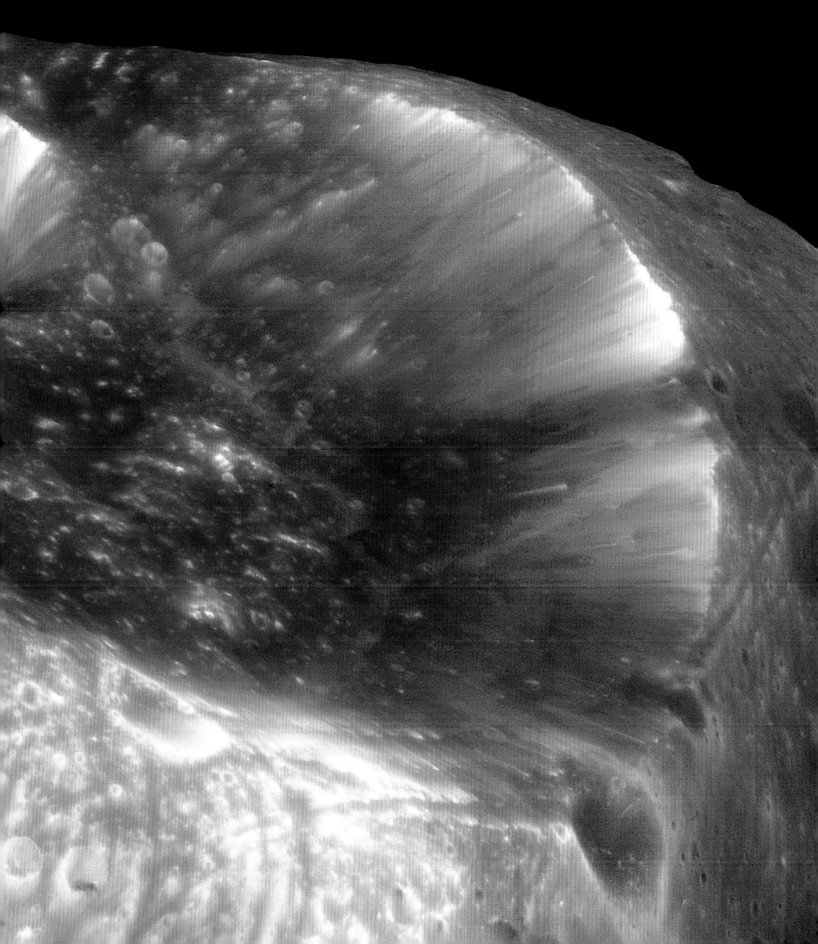

开始减速

调查如何在火星着陆，探险队员和沉重的居住设施的测试工作正在进行。右图的高超声速充气技术利用柔性材料来保护飞船在进入大气层时免受灼热的高温伤害。下图所示的是另一种正在研究的技术，即低密度超声减速器，它本质上是一种超声减速伞。

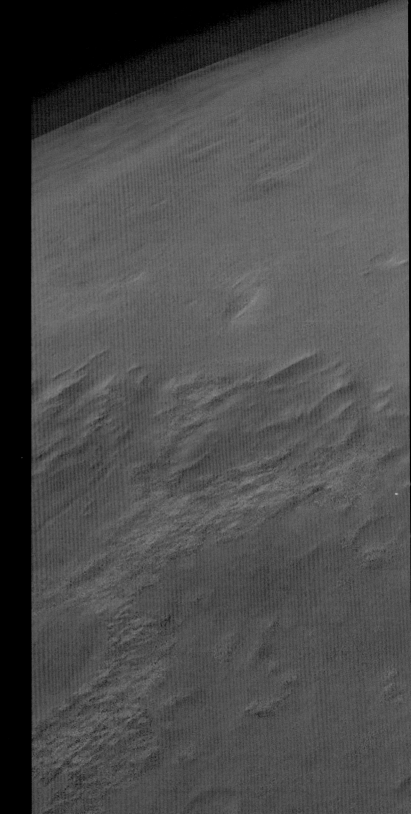

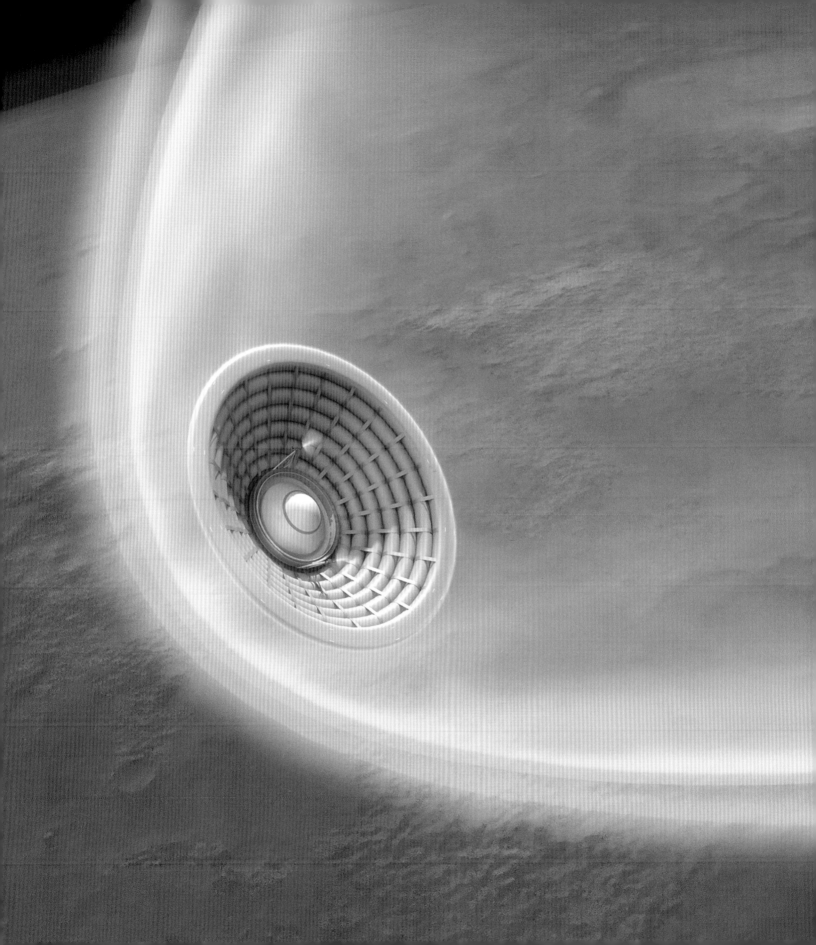

我们眼前的世界

火星表面布满了陨石等各种
来自太空的天体留下的撞击
痕迹。火星勘测轨道飞行器
（MRO）近期传回的照片中，
显示了这样一个新鲜的陨击
坑。这个陨击坑形成于2010
年7月到2012年5月。陨击坑
本身直径约30米，辐射状的
溅射物延伸了约14千米。

前进，直到遇阻

2004年1月，NASA勇气号火星探测车抵达火星，在卸下包括安全气囊在内的着陆装置后，开始探索古谢夫环形山区域。勇气号持续运行，直到2010年3月陷入细沙中才停止传回信号，大大超出了它90天的设计寿命。

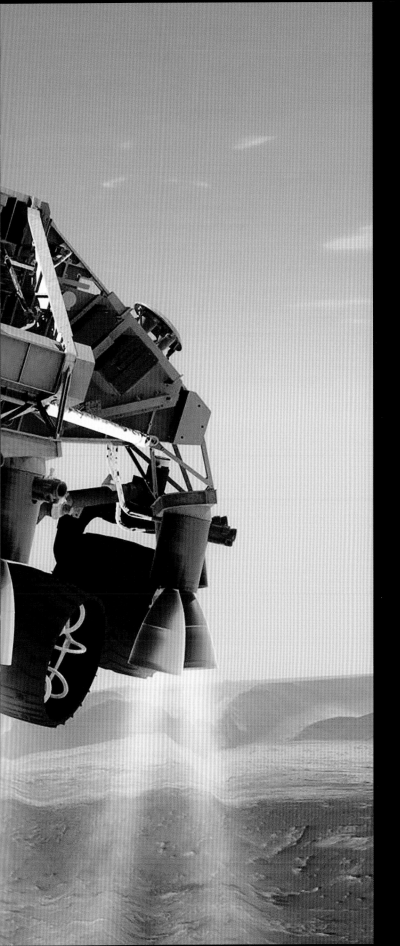

尘土飞扬

2012年，为了让重达1吨的好奇号火星车安全着陆，工程师们设计出一种被称为"空中吊车"的新装置。在进入大气层和降落伞减速阶段之后，火箭反冲减速阶段先通过反冲力让着陆器悬浮在空中（左图），再通过缆绳把火星车送到火星表面（下图）。

好奇号的自拍照

NASA好奇号火星车自拍了数十张照片后合成了这张历史性的自拍照,发布在好奇号任务的Facebook主页上,并配上文字"你好,美人!"靠热核电池驱动的好奇号火星车自2012年8月着陆火星以来,一直忙于对这颗红色行星进行勘察。

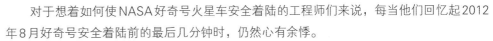

英雄 | 罗布·曼宁

NASA喷气推进实验室火星项目办公室火星工程经理

对于想着如何使NASA好奇号火星车安全着陆的工程师们来说，每当他们回忆起2012年8月好奇号安全着陆前的最后几分钟时，仍然心有余悸。

"这个活儿可不是扣篮。"加利福尼亚喷气推进实验室负责火星任务进入、降落和着陆的专家罗布·曼宁如是说。他的工程技能在美国过去20年几乎所有的火星任务中发挥过作用。曼宁强调，把大量物资——如居住舱和载人飞船——送去火星绝不是一件容易的事，好奇号迎面撞向火星时用到的超声速降落伞又是另一桩难题——它太大了，难以有效、可靠地展开。取而代之的是，使用高超声速充气空气动力学减速装置来制动的工作正在进行中。随后，通过火箭发动机完成的超声速反推进将接管最后阶段的软着陆。

为了实现着陆火星的目标，曼宁将事情分出了轻重缓急。他视先驱任务为一项"留下旗帜和脚印的事业"。他说，第一次飞行的人们会知道，他们面临的是一场巨大的赌博。"如果你要攀登一座山峰，就得先迈出第一步，"曼宁说，"你不可能一步登顶，而必须一步步攀升。"而接下来的一批又一批探险队员们会前赴后继完成这一伟业。

如果第一次人类着陆失败了怎么办？"失败会阻碍我们的前进，但也是我们前进的关键，"曼宁回答道，"如果预算足够的话，我们还是会争取以无人机的方式来完成第一次火星着陆探测，但是会使用和载人着陆完全一样的系统。如果真的失败了，我们很可能要预防政治上的反弹，而且还要退回来重新考虑这一切。最起码，我们要知道发生了什么，而且从政治角度来说也不会太糟糕。"

在飞往火星的旅程中，人们应该具备哪些品质呢？曼宁认为，要有强烈的好奇心，愿意学习和尝试，无所畏惧。"我们要做到有备无患。诀窍就是使事情变得简单起来，利用技术发挥你的优势，并控制代价。"留有余地是关键。"我们必须考虑所有的'万一'，这才能让你真正地长久赢下去。这就像是在玩扑克，如果你想在这个游戏里一直赢，就必须将王牌藏在每个袖子里。"

在好奇号火星车的另一张自拍照片中，好奇号左侧的轮子是由专用于拍摄局部细节的火星机械臂透镜成像仪（MAHLI）拍摄的。好奇号的轮子由NASA喷气推进实验室负责设计，轮子碾过火星表面时会印出JPL（喷气推进实验室的缩写）的莫尔斯码。

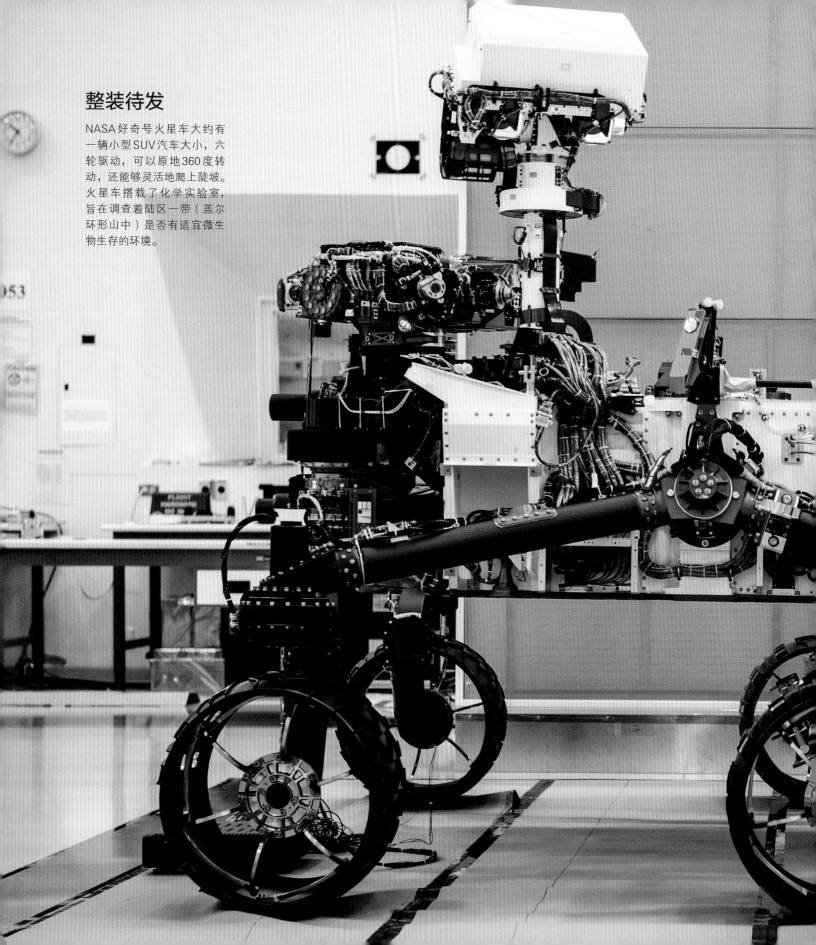

整装待发

NASA好奇号火星车大约有一辆小型SUV汽车大小，六轮驱动，可以原地360度转动，还能够灵活地爬上陡坡。火星车搭载了化学实验室，旨在调查着陆区一带（盖尔环形山中）是否有适宜微生物生存的环境。

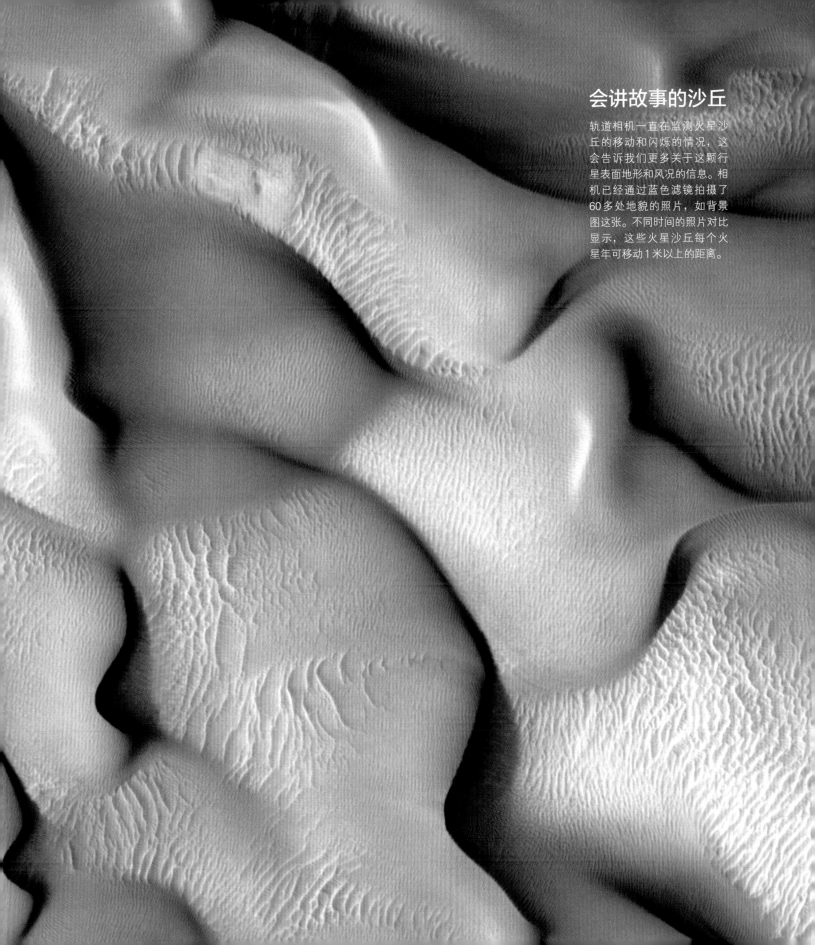

会讲故事的沙丘

轨道相机一直在监测火星沙丘的移动和闪烁的情况，这会告诉我们更多关于这颗行星表面地形和风况的信息。相机已经通过蓝色滤镜拍摄了60多处地貌的照片，如背景图这张。不同时间的照片对比显示，这些火星沙丘每个火星年可移动1米以上的距离。

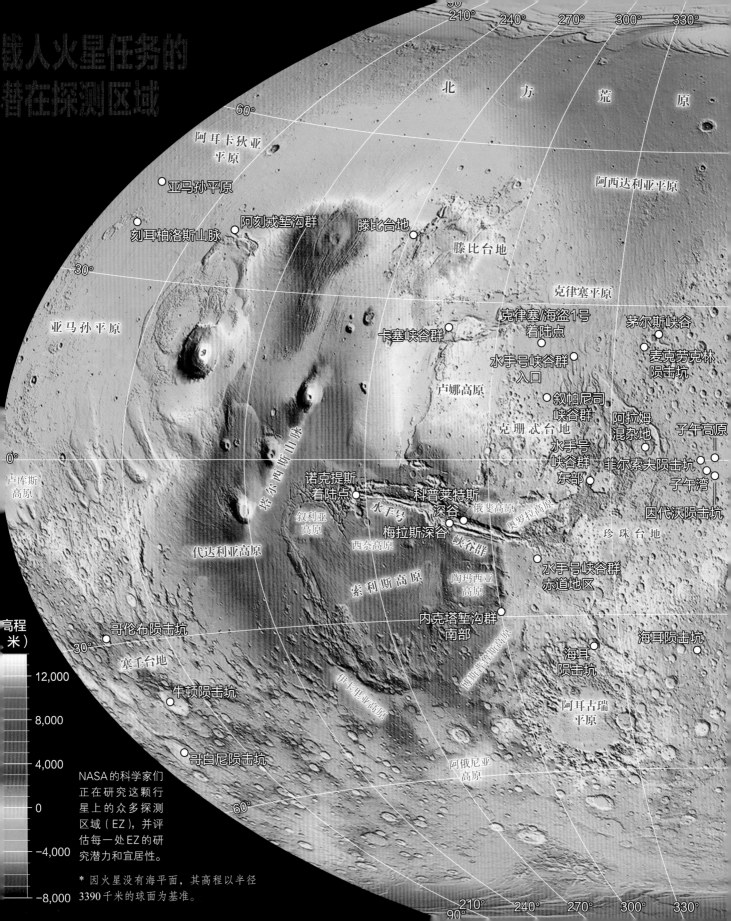

载人火星任务的
替在探测区域

北　方　荒　原

阿耳卡狄亚
平原

亚马孙平原

阿西达利亚平原

刻耳柏洛斯山脉

阿刻戎堑沟群

滕比台地

滕比台地

克律塞平原

亚马孙平原

卡塞峡谷群

克律塞/海盗1号
着陆点

茅尔斯峡谷

水手号峡谷群
入口

麦克劳克林
陨击坑

卢娜高原

叙帕尼司
峡谷群

阿拉姆
混杂地

子午高原

克珊忒台地

水手号
峡谷群
东部

菲尔索夫陨击坑

子午湾

塔尔西斯山脉

诺克提斯
着陆点

科普莱特斯
深谷

因代沃陨击坑

卢库斯
高原

叙利亚
高原

水手号

梅拉斯深谷

俄斐高原

奥罗拉高原

珍珠台地

代达利亚高原

西奈高原

峡谷群

水手号峡谷群
赤道地区

索利斯高原

陶玛西亚
高原

内克塔堑沟群
南部

哥伦布陨击坑

海耳陨击坑

塞壬台地

伊卡里亚高原

博斯普鲁斯高原

海耳
陨击坑

牛顿陨击坑

阿耳古瑞
平原

哥白尼陨击坑

阿俄尼亚
高原

高程
（米）

NASA的科学家们
正在研究这颗行
星上的众多探测
区域（EZ），并评
估每一处EZ的研
究潜力和宜居性。

* 因火星没有海平面，其高程以半径
3390千米的球面为基准。

12,000

8,000

4,000

0

-4,000

-8,000

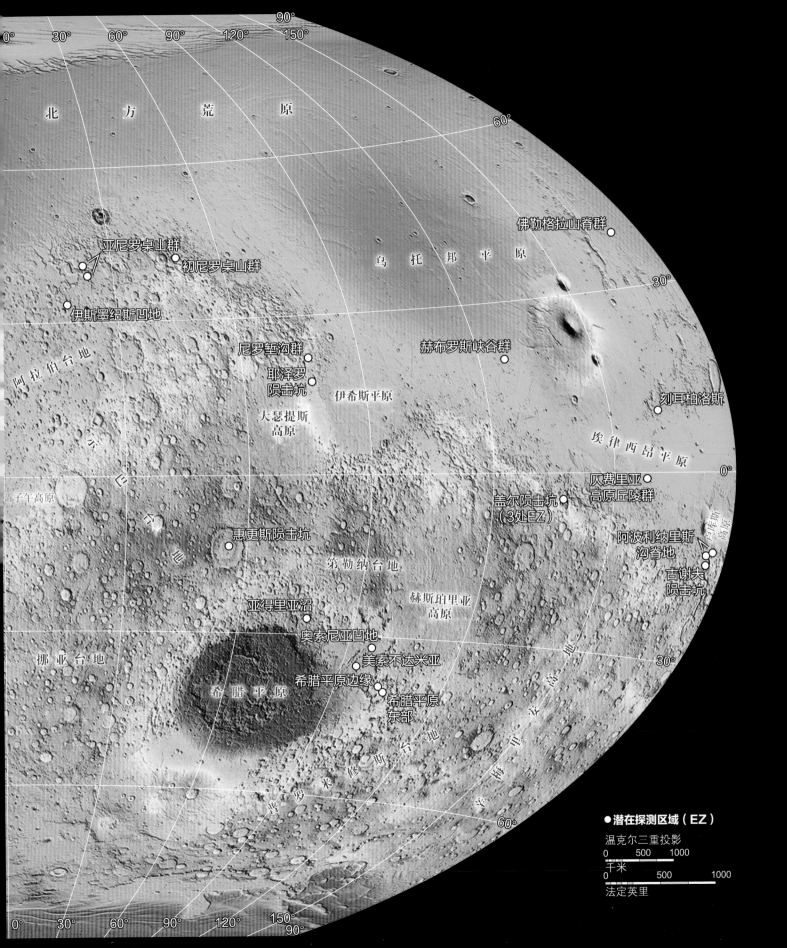

北 方 荒 原

佛勒格拉山脊群

亚尼罗桌山群

乌 托 邦 平 原

初尼罗桌山群

伊斯墨纽斯凹地

尼罗堑沟群

赫布罗斯峡谷群

刻耳柏洛斯

阿拉伯台地

耶泽罗陨击坑

大瑟提斯高原

伊希斯平原

埃律西昂平原

子午高原

盖尔陨击坑（3处EZ）

仄费里亚高原丘陵群

惠更斯陨击坑

第勒纳台地

阿波利纳里斯沟脊地

赫斯珀里亚高原

古谢夫陨击坑

挪亚台地

亚得里亚沼

奥索尼亚凹地

美索不达米亚

希腊平原边缘

希腊平原

希腊平原东部

普罗米修斯台地

马莱亚高原

● 潜在探测区域（EZ）

温克尔三重投影

0   500   1000
千米
0   500   1000
法定英里

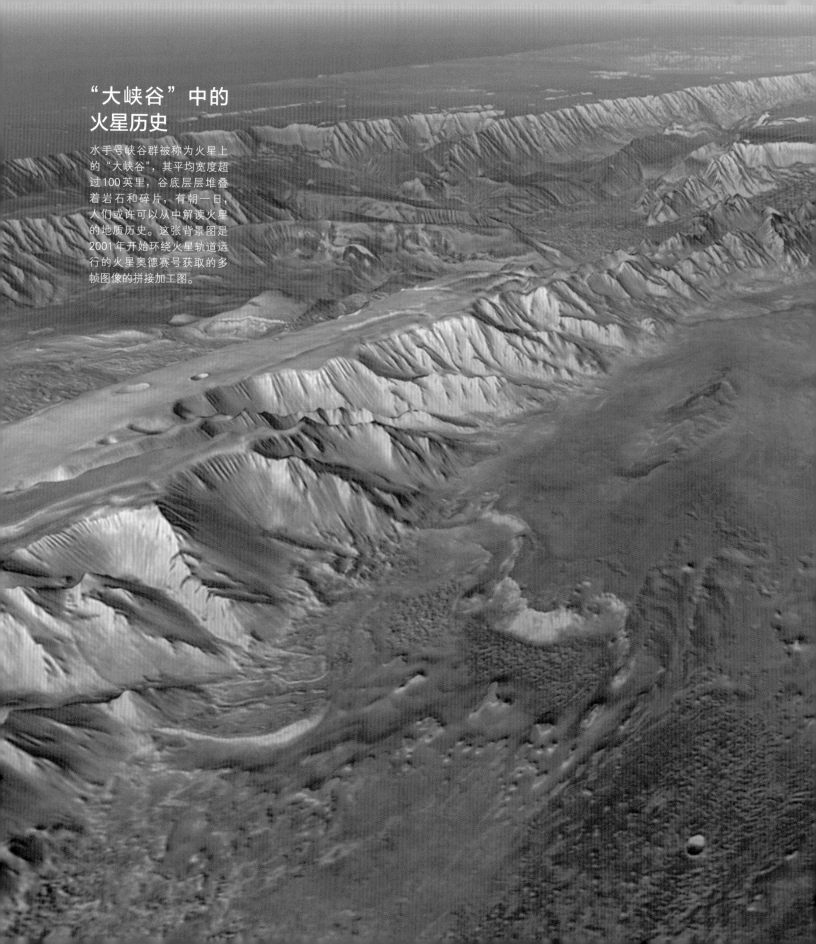

"大峡谷"中的
火星历史

水手号峡谷群被称为火星上的"大峡谷",其平均宽度超过100英里,谷底层层堆叠着岩石和碎片,有朝一日,人们或许可以从中解读火星的地质历史。这张背景图是2001年开始环绕火星轨道运行的火星奥德赛号获取的多帧图像的拼接加工图。

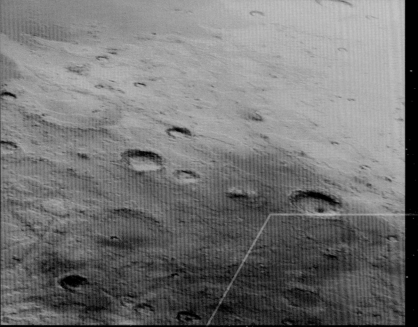

当人类在一颗新行星上构筑家园时，除身体上的挑战之外，也充满了精神和情感上的压力。

火星上的思想

在国际空间站2013年远征36/37任务中，NASA宇航员卡伦·尼贝里担任随机工程师。此刻她正从空间站的圆顶窗口朝着地球家园的方向凝视。

2

火星上的思想

宇航员们前往火星的旅程漫长而又危险，它是长跑运动员孤独感的行星际版本。且不说要达成长期驻留火星这一目标所带来的心理紧张，光是面对并忍耐初到这颗红色行星时的情绪和精神上的波动就已经够艰难的了。

谁应该去火星呢？而他们又适合飞行吗？在每个人的旅行包里，有哪些是旅居火星的必备物资呢？关于人类如何应对极端环境并在其中生活，这里给出了一些早期的线索。

人类个体已经通过多种方式在为前往火星的漫漫征途开展训练。国际空间站就成为评估长期空间任务会对宇航员们造成何种影响的社会心理中心。一个历史事实是：美国"天空实验室（Skylab）"的一支机组曾于20世纪70年代"罢工"，因为地面飞控人员对他们提出了太多的要求。在持续84天的最后一次天空实验室飞行任务中，机组人员抱怨日程排得太满，他们疲于奔命。为了要让地面控制部门清楚无误地了解他们的呼声，他们随后就发起了为期一天的罢工。

最近，两位ISS的宇航员——美国宇航员斯科特·凯利和俄罗斯宇航员米哈伊尔·科尔尼延科——录制了一段充满教育意义的旅行纪录片。他们在轨道上待了近一年的时间，完成了一次突破性的续航任务。他们应对和消除孤独感的方法为未来执行火星任务提供了思路。

效力于NASA的同卵双胞胎宇航员斯科特·凯利和马克·凯利参与了一项研究，它被明确地称为"双胞胎研究"。该地外研究的目的是观察空间飞行在宇航员斯科特身上可能诱发的影响和变化，其参照系是他在地球上的孪生兄弟马克。这项对拥有相同基因但在不同环境中生活了一年的两个个体的新颖评估是由高校、企业和政府实验室的专家协作开展的多层面国家研究项目。

这项研究包含的生命科学问题诸如：人类的免疫系统在太空中是如何变化的？

生长在佛罗里达州NASA肯尼迪空间中心一个环境控制室里的百日菊（Zinnia）——在它被收获的同时，斯科特·凯利也采摘了他在国际空间站上种植的百日菊——这提供了如何在火星任务中种植粮食作物的信息。

第2集

生死着陆

这项任务才刚刚开始，但
已经处于危险之中。代达
罗斯号的一名机组人员受
了重伤，而为了帮助他，
机组的其他人必须赶到几
十千米外的大本营，之前
的无人飞行任务已经在那
里为他们储备了生存所需
的物资。在地球上的飞行
控制系统的引导下，该任
务的副指挥必须带领机组
将他们的装备和体能发挥
到极限，以穿过火星上的
致命地带。

空间辐射会使太空旅行者未老先衰吗？微重力对人类消化有什么影响？为什么宇
航员报告视力发生变化？以及所谓"太空迷惘（space fog）"现象——地球轨道上
的一些宇航员过去曾报告过的注意力不集中和精神迟钝——究竟是怎么一回事？

估测绕火星飞行机组的空间辐射风险一直是个居于核心的重要问题。宇航员
们在地球之外旅行的另一项值得忧虑的问题是患致命癌症的风险。在如国际空间
站这样紧贴地球的近地轨道旅行中，宇航员们在一定程度上受到了地球磁场和
这颗固态行星本身的庇护。但前往火星则是另一回事：宇航员们会暴露在宇宙之
中。一些研究指出，辐射会对中枢神经系统造成危害，甚至会加速阿尔茨海默病
的发展。

想象一下，去一趟火星回来后，却不记得这次冒险。对许多人来说，这似乎
不可思议。在把人类送上这颗红色行星之前，还有一长串医学问题需要专门研究。

近在咫尺的隔离

尽管国际空间站被视为开展21世纪深空旅行的起点，但地球上的若干模拟站

点也在人类群聚于气候恶劣的火星之前提供了一些咨询性意见。从高北极地区到南极，再到潜艇，这些偏远之地所提供的特征可以模拟火星旅行，并帮助加速它的到来。类似的，隔离室研究，尤其是在俄罗斯进行的这类研究已经让人们通过模拟实现了火星之旅。

也许，更加别出心裁的社会心理隔离实验要数"火星500（Mars500）"模拟火星载人航天飞行实验了。这是欧洲空间局和俄罗斯生物医学问题研究所的一个合作项目，它是在2007年至2011年分阶段进行的，机组的隔离设施位于莫斯科俄罗斯研究所的一座特殊建筑内。"火星500"完成了创纪录的520天模拟火星任务，其机组的所有人员都是男性，包括三名俄罗斯人、一名法国人、一名意大利人和一名中国人。"火星500"设施由隔离设施、操控室、技术设施和办公室组成，其隔离结构包括4个连通的密封居住舱，总计近2万立方英尺。这个创造性的项目模拟了一艘地球往返火星的宇宙飞船和一艘升降飞船。机组还使用了一个外部模块供其在模拟的火星表面上漫步。

"火星500"的测试结果强调，机组人员共同度过了一段愉快、和谐的时光。不过，由于与世隔绝，他们非常想念家人和朋友，渴望接触陌生的面孔和观点。从工程角度来说，模拟飞船的内部和生命维持系统的元件上会形成生物被膜——相互黏附的细菌组成的薄而坚韧的细菌层。德国航空航天中心（German Aerospace Center/Deutsches Zentrum für Luft–und Raumfahrt）的研究者报告称，这些生物被膜可能会给长期太空旅行者带来感染的风险，甚至可能导致仪器故障。

面向未来的立足点

目前在轨运行的国际空间站被公认是人类迄今为止所承担过的最复杂的科学和技术工程，有些人把它称为"失重仙境"。自这一综合设施于1998年开始在轨组装以来，16个国家为实现和使用该空间基地贡献了力量。现在，它拥有比6卧别墅更适宜居住的房间，遍及14个加压舱或加压单元。它的内部空间堪比大型喷气式客机波音747，其总面积相当于一个美式橄榄球场的大小。

国际空间站拥有3个实验室，分别是美国的命运号（Destiny）实验舱、欧洲的哥伦布号（Columbus）实验舱和日本的希望号（Kibo）实验舱，此外还有3个节点舱——团结号（Unity）、和谐号（Harmony）和宁静号（Tranquility）。俄罗斯方面还有两个对接舱（码头号[Pirs]和黎明号[Rassvet]），以及曙光号（Zarya）功能货舱和星辰号（Zvezda）服务舱。

生命演化的重要步骤都有哪些呢？显然有单细胞生物的出现，植物和动物的分化，生命从海洋走向陆地，哺乳动物的形成，意识的产生，以及……生命成为行星际物种并适应了这一空间尺度。

——埃隆·马斯克（SpaceX 创始人兼首席执行官）

宇航员们利用塞满设备的空间站各舱开展了切实可行的活跃研究，其内容涵盖微重力下的人体健康、生物过程和生物技术、对地观测、空间科学和物理科学等诸多方面。经过多年的建设及早期的检验，国际空间站可以说是立足于未来的据点，来来往往的宇航员们在其中测试技术、系统和材料，为长期任务储备专业知识。

严酷的事实

南极洲的研究站是研究人类如何适应在偏远、与世隔绝地区生活的理想场所。那里的研究有助于我们理解空间旅行以及生活在火星居住舱内所面临的问题，因为宇航员们要在太空中长期飞行且与世隔绝，他们渴望阳光，需要在一块小社区内生存下去。

英国南极哈雷研究站就是一个很好的例子，它与欧洲空间局共同主持研究，评估人类对空间旅行的适应性。依据一年中时节的不同，该设施可容纳13~52名科学家和支撑人员。严酷的事实是，该站在冬季的温度会降至零下58华氏度，并且有持续4个多月的黑夜。

在哈雷站运行了数月的一个项目中，团队成员们以视频日记的方式记录下自己的情况。然后，研究人员会利用一种计算机算法通过音高和词汇选择等参数来分析这些日记，他们希望这项技术能够打开一扇客观监测人类的心理状态及其对长期太空飞行压力的适应能力的新窗口。

ESA参加了意大利和法国在南极洲的康科迪亚（Concordia）合作基地项目，并利用该基地模拟地外世界的居住环境。事实上，康科迪亚所处的冰封孤岛就被称为"白色火星"。不像地球上的其他地方，康科迪亚站远离文明世界，乘坐飞机、船舶和雪橇宿营车抵达这里需要12天的时间。ESA的研究人员强调了一个事实，最近的人类驻扎在370英里开外的俄罗斯东方号站，这使得康科迪亚站比远离地球的国际空间站更加与世隔绝。

对康科迪亚站拥有多元文化背景的工作人员进行的隔离影响研究为ESA的火星任务提供了有用的实例。该基地还充当了医学监督和测试生命维持技术的实验室。除了重量、强度和抗力等硬件性能外，宇航员们还需要没有有害细菌和霉菌的环境。ESA的研究者正在评估最适合建造宇宙飞船的材料，并在康科迪亚站测试各种抗菌样品。

虚拟火星

德文岛是世界上最大的无人岛屿，也是NASA"霍顿火星计划（HMP）"的偏远站点。这片位于加拿大高北极地区的极地荒漠与火星很像。

"如果要描述德文岛的话，那就是寒冷、干燥、多石、荒芜，被峡谷、山谷和冲沟所切割，充满地下冰，且因撞击而伤痕累累。你也可以这样来描述火星。"HMP的任务主管帕斯卡尔·李说道，"地球上没有和火星完全一样的地方，但像德文岛这样的地方却呈现出某些相似之处，可以帮助你更进一步了解火星。"

地球上的火星模拟场可谓一举数得，李说："它们帮助你学习、测试、训练和教育。德文岛已经在帮助我们了解火星，如何探索火星并测试新的探测技术和策略，以及教育学生和公众。"

火星学会正在开展其他的模拟活动。这家总部设在科罗拉多州的私人组织发起了"火星模拟研究站计划"，此计划包括使用两个火星基地类型的居住舱，一个安置在加拿大北极地区的德文岛，另一个则放在了美国西南部。在这些类似于火星的环境中，火星学会定期开展大规模、长时间的野外勘探活动。这些活动模拟了探险者们将会在火星上面对的生活方式和常见的制约条件。他们在沙漠和北极的火星任务模拟中已经发现了很多问题，火星学会主席罗伯特·祖布林说道，他曾与理查德·瓦格纳合著过一本极具影响力的非虚构类作品——1996年出版的《赶往火星：红色星球定居计划》。这本书及其2011年的更新版本是一部技术杰作，它规划了火星直航计划，这是一个降低载人火星计划成本和复杂性的指南建议，书中介绍将利用火星的资源，并提供了自给自足的方法。

在过去的几年里，祖布林和火星模拟研究站的研究人员一直在推进各种方法，为人类研究这颗红色行星做好准备。"我们已经了解到，这项任务需要由前线人员来领导……所以地球上的团队需要明白它的角色是任务支撑，而不是任务控制。"他强调说。

祖布林报告称，地球上的火星模拟表明，宇航员机组需要以团队为单位来挑选。某个人在某个团队时是一名能力很强的成员，但换到另一个团队后却出了问题，因为他和新团队之间擦不出火花来，这样的例子有很多。"所以到了选择宇航员的时候，我们应该请心理医生做出最佳评估来组建三个机组。"完成这些事情之后，每支团队将被派到北极或沙漠中的火星模拟站，并且在火星任务的条件限制下负责实施至少持续6个月的野外勘探项目。

"我们将会看到哪个机组做得最好，而他们就是我们想要派往火星的团队。"祖布林说道。

火星学会还发现，对于火星机组人员来说，像全地形车这类小而灵活的野外机动系统比大型增压火星车要有用得多。我们发现的问题就是，当大型陆地火星车被卡住时，你无法让它们再动起来。"就火星野外设备而言，如果你抬不动它，那就不要再带上它了。"祖布林讲道。简易、结实的科学设备比高度复杂但脆弱的精密仪器要有用得多，后者也就在名义上性能更好罢了。他认为，道理很简单，勘探者需要的是一头能驮货的骡子，而不是一匹赛马。

"我们了解到，电子导航能力是极其重要的。穿着太空服在沙漠中很容易迷路，而在火星上我们并不需要GPS……但机组人员至少应该把布置一套无线电信标作为他们的早期任务之一。"祖布林指出，"我们一直面临着这样一个事实，那就是身着太空服进行徒步野外勘探是一项高强度的体力活动，而机组人员的活动量将很大程度上取决于他们的身体素质。"

火星学会的判断给火星任务的规划者们加上了一个很强的限制条件：找到一种方法，使旅行者们不会在微重力或失重状态下度过前往火星的漫长旅途。"我们当然可以在零重力下完成火星之旅，但重点不在这里。我们要去火星是为了探索它，而不是为了宣称我们去了火星。这意味着我们应该在人造重力下前往火星。"祖布林主张道。NASA的航天医学计划目前几乎完全聚焦于零重力对健康的影响，他告诫说"这需要重新定位"，去更多地关注在重力环境下空间旅行对身体的影响。

最后，在火星模拟研究的支持下，祖布林给出了一个额外的结果。他总结道："那些说在长期火星任务中'人类的心理将是链条中最薄弱环节'的人都错了。我们的机组人员表现出很强的适应性，而我想NASA的机组也没有理由适应不了。那些想要完成这一壮举的人内心强大。如果我们为载人火星任务选择了正确的团队，那么人类将是链条中最坚固的一环。"

让他们保持活力和理智

从海拔8200英尺的夏威夷冒纳罗亚火山的山坡上俯瞰是一片如画的风景，而设置在这里的HI-SEAS基地也让你离火星更近了一步；HI-SEAS是"夏威夷空间探测模拟任务（Hawaii Space Exploration Analog and Simulation）"的缩写。自2012年起，HI-SEAS一直由NASA的人类研究项目提供资助，此外还有多所大学正在参与该计划。

舒适的HI-SEAS居住舱提供了大约1.3万立方英尺的居住空间。它的使用面积约为1200平方英尺，包括可供6人机组使用的小型睡眠区，此外还有厨房、实验室、浴室、模拟气闸和工作区。一组大型太阳能电池阵列位于居住舱的南部，为该设施提供能源，备用的氢燃料电池发电机也在附近。即使在火星上，这样的住宅也颇有吸引力。

首次为期一年的HI-SEAS隔离任务被视为有史以来NASA资助过的最长火星模拟任务，这表明HI-SEAS可以跻身一小批有能力在偏僻封闭的环境中执行超长期（持续8个月以上）任务的模拟站之列。一组大约40名来自全世界的志愿者承担了HI-SEAS任务的支撑工作，他们通过强制的单向20分钟延时通信——这一限制旨在营造更为贴近火星生活的氛围——与机组人员进行互动。机组成员的探险任务还包括穿着太空服走出居住舱开展野外地质工作。HI-SEAS计划主要是为了考察机组的组成方式和凝聚力，获取行星表面探测任务的临场经验。该计划的研究内容瞄准心理因素和社会心理因素等，这些因素有助于确保未来执行自力更生的长期空间旅行任务的是一支高效率的团队。

"大体上，我们正在研究的就是如何让他们保持活力和理智……不希望他们在长期的火星任务中自相残杀。"HI-SEAS计划首席研究员、夏威夷大学马诺阿分校教授金·宾斯特德说道。要得出结论还需要一段时间，但有一个并不出人意料的前提。她提出，"在长期任务中总是会有冲突发生，这是不可避免的"，比如领导层的争端，或有人因错过最喜欢的食物而怒气冲冲地跺脚离开。

那么火星团队如何才能更好地从冲突中恢复过来，然后回归并保持高水平的表现呢？这就是HI-SEAS研究议程的一部分。"没有出去喝杯啤酒的消遣，"宾斯特德说，"在持续6个月的时间里，也没有独处的机会。你无法逃避……逃避不是一个可选项。"

灾难

未知地形 | 我们在火星上很可能会遭遇在地球上不了解的地质和气象灾害：尘暴、冰火山、地震、滑坡、熔岩管道崩塌。我们对火星地表及其之下的力量知之甚少。

这可能会引发什么问题呢？

另一件麻烦事是机组和地球失联，宾斯特德补充道。这部分是缘于通信的时间延迟。而这一因素又与遥远的机组所拥有的自主权相关。人们在火星上对每天的日常工作会有更多的掌控权，这与宇航员在国际空间站上看到的情况迥然不同。"他们的日程是以分钟来计算的，一切事务都要听从地面飞控的安排。而在火星任务中，这样做是行不通的……也不会发生。"她强调道。

宾斯特德解释说，HI-SEAS的机组人员正在测试设备、评估协议，甚至在评估通信软件的概念。他们不会无所事事，也不会被简单地归类为试验品，她指出，因为NASA热衷于获取火星任务中可能出现的问题的早期预警。宇航局有很多风险类别：有些是绿色的，意为状况良好；黄色则表示可能出了问题，不过是难题的概率很小，或者只是影响不大的麻烦；红色的风险则是搅局者，需要去解决。

"一部分红色风险可以通过火星模拟研究来解决。这也是我们正努力去做的事情……把这些红色风险转到其他类别上。"宾斯特德指出。在HI-SEAS计划上，时间是站在他们一边的。他们正在运行一项自2017年1月始为期8个月的任务，紧接着是从2018年1月起再进行8个月的试验。

宾斯特德指出，每种模拟各有优缺点。"我们是身处在一个非常像火星的物理环境中。反过来说，如果你的研究是体验关于致命危险的感觉，那么我们没法提供。我们的机组人员知道，如果需要的话，我们可以很快就把他们送到医院。如果想要体验致命的危险，你可以去南极洲。"

作为HI-SEAS的首席研究员，是什么样的感觉？

"我得说，这有点压力。我的手机24小时开机。"宾斯特德回应道，"有时我醒来会担心居住舱出了什么问题，或者火山要喷发了。好在吉人天相……这样的事情从来没有发生过。这对我个人来说是一种压力，对机组人员来说也同样如此，这是注定的。但就像我们喜欢说的，这些都是数据。"

终究不是真的火星

今天，想要成为火星人的人们正工作在地球上类似火星的模拟站点。但是在地球上，没有任何地方能够呈现出人类必须在红色火星上克服的天气、地质、大气条件及其他各种挑战。火星是一个独特的世界。它的陆地面积是地球上所有大陆的总和，这里有庞大的峡谷群、沙丘和高耸的山脉。是的，所有这些汇聚起来就是一场视觉的盛宴，但同时也是危险重重的地形。翻滚的巨石、塌陷的熔岩管道、冰穴以及火星风暴等都增加了火星探险者们将会遭遇的危险。

保障第一批地球访客生活在火星秘境之中的工作正在进行。工程师们正忙于绘制火星基地的草图。最初的居住舱很可能因缺乏空间而迫使人们不得不住在一起。然而，随着时间的推移，运用3D打印和建造技术可能会形成一个早期的基地，而火星社区也将很快得到扩张。

终年酷寒的偏远之地

从英国南极勘测机构于50年前在布伦特冰架上建立的哈雷研究站能够洞察隔离对人类行为、健康和幸福感的长期影响。图中所示为2013年开放的哈雷六号站。

地球上的模拟站

贝丝·希利医生（见右图）在欧洲空间局位于南极洲的康科迪亚站观察极端生活条件对人类造成的影响。这里，机组人员在温度零下的室外和狭小的室内工作。一些人还保持着幽默感，比如这里所展示的圆顶冰屋（下图）就是2013年一支冬季机组为迎接即将到来的夏季研究人员而建造的。

更接近天空

没有什么能妨碍人们从康科迪亚站欣赏南极光，尽管他们必须忍受诸如平均温度在零下60华氏度这样的极端天气。这座法国和意大利联合考察站正进行的研究聚焦在地球的冰川和大气，以及人类对火星般严酷的生活条件的反应等方面。

近在眼前却远在天边

2015年8月，6名科学家搬进了夏威夷莫纳罗亚山上这间太阳能圆顶舱内，开始为期365天的隔离生活，这是NASA模拟火星生活的HI-SEAS计划的一部分。"尽管我们感觉不像是生活在火星上，但我们确实感觉到与其他人类的距离非常、非常遥远。" HI-SEAS计划首席科学家克里斯蒂亚娜·海尼克说道。如图所示，成员们偶尔会进行舱外活动（ESA）。

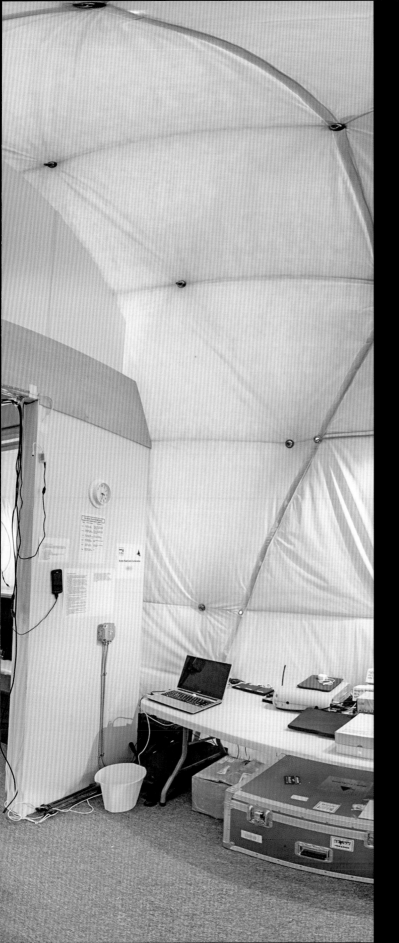

舒适的住所

HI-SEAS圆顶舱的居民们将他们的家称为"模拟火星（sMars）"。这座圆顶舱穹顶的直径是36英尺，包括面积达993平方英尺且带有一间厨房的公用区域，以及划分了6个私人房间的424平方英尺阁楼。ESA涵盖了对荒芜火山地形中熔岩管道（见下图）的考察之旅。

英雄 | 尼克·卡纳斯

加州大学旧金山分校精神医学系名誉教授

在探险队前往火星之前，我们还应该考虑各种各样的心理学、精神医学和社会心理学问题。尼克·卡纳斯教授认为，宇航员们对空间旅行压力和紧张的描述在获取这方面的知识上最有建设性。卡纳斯是加州大学旧金山分校精神医学专业的名誉教授，也是火星旅行相关心理问题的顶尖专家，且一直担任NASA资助的两项涉及俄罗斯和平号空间站和国际空间站的大型研究的首席研究员。这些研究为训练宇航员应对太空中的心理压力提供了见解深刻的帮助。

"多项任务及大批个体的存在是非常重要的。"卡纳斯说道，"这样才能积累有关宇航员和任务控制对象的大量数据。"在过去的10~15年里，参与空间旅行的个体出现了更多的变数，打破了早期只有男性试飞员的模式。

人类前往火星的深空探测任务充斥着精神医学方面的担忧。"你真的会与世隔绝。如果你在火星上出了问题，可没办法回家……没办法把身体或精神有问题的人迅速送回地球，你将不得不在那里处理这些问题。"卡纳斯指出。

卡纳斯和他的同事、德国柏林工业大学的工作、工程和组织心理学教授迪特里希·曼蔡认为，火星宇航员们可能会体验到他们称为"地球在视野之外"的现象。"这只是猜想，没有人知道是不是真有其事。"卡纳斯说。无论是在地球轨道上，还是从月球上回首家园，"宇航员们都积极看待的一件事，就是在太空中看到我们星球的壮美，意识到它有多么重要"。

如果你把这一美景拿走会怎么样呢？比如在最糟糕的情况下，由于行星相对于太阳的位置不佳，站在火星上的人甚至都无法看到地球，也不能和朋友、家人以及任务控制中心的同胞们开展实时的、反复的闲聊。"地球不再是一件美丽的事物，而更像是一个微不足道的点，"卡纳斯继续说道，"而且你不能与任何人实时交流。"

"'地球在视野之外'的现象可能会使人们觉得，对他们来说所有重要的事情都变得无关紧要起来。"卡纳斯补充道。反之，它也会凸显远离一切的隔离感。"这是一种与众不同的状态，它是否会引发抑郁症、精神疾病或强烈的乡愁……我不知道。火星将向我们提出很多问题，而我们还没有答案。"

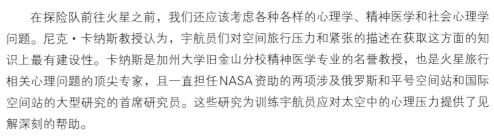

国际空间站和谐号舱内，NASA宇航员谢尔·林德格伦为坐着的俄罗斯宇航员奥列格·科诺年科修剪头发。他使用的修剪工具带有真空装置，这是很有必要的，可以防止头发四处飘散。

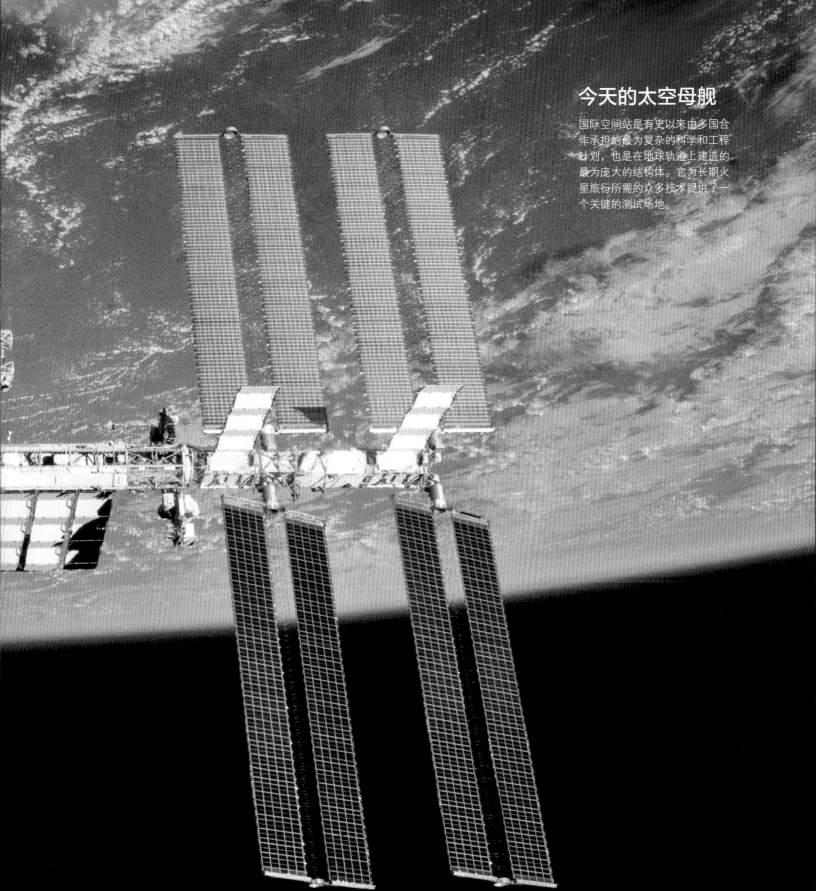

今天的太空母舰

国际空间站是有史以来由多国合作承担的最为复杂的科学和工程计划，也是在地球轨道上建造的最为庞大的结构体。它为长期火星旅行所需的众多技术提供了一个关键的测试场地。

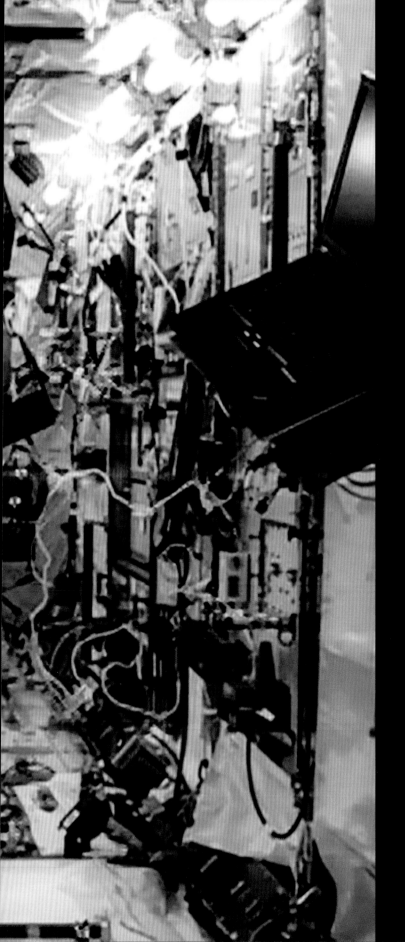

轨道上的爵士乐和爪哇咖啡

2012—2013年，加拿大宇航员克里斯·哈德菲尔德（对页图）在国际空间站通过YouTube演唱了戴维·鲍伊的《太空怪谈》（*Space Oddity*），让全世界为之倾倒。两年后，包括欧洲空间局宇航员萨曼莎·克里斯托弗雷蒂（下图）在内的ISS居民小口啜饮着由新设计的"ISSpresso"机器磨制的咖啡；ISSpresso既是咖啡机，又是零重力下流体运动的实验台。

ISS 的新访客

一艘搭载着 3 名宇航员的俄罗斯联盟号飞船正准备与国际空间站对接。自从飞船的自动对接系统失效后，宇航员尤里·马连琴科一直在掌舵。图中靠右的是一艘完成轨道对接的 ATK 公司"天鹅座"商业货运飞船的太阳能电池板。

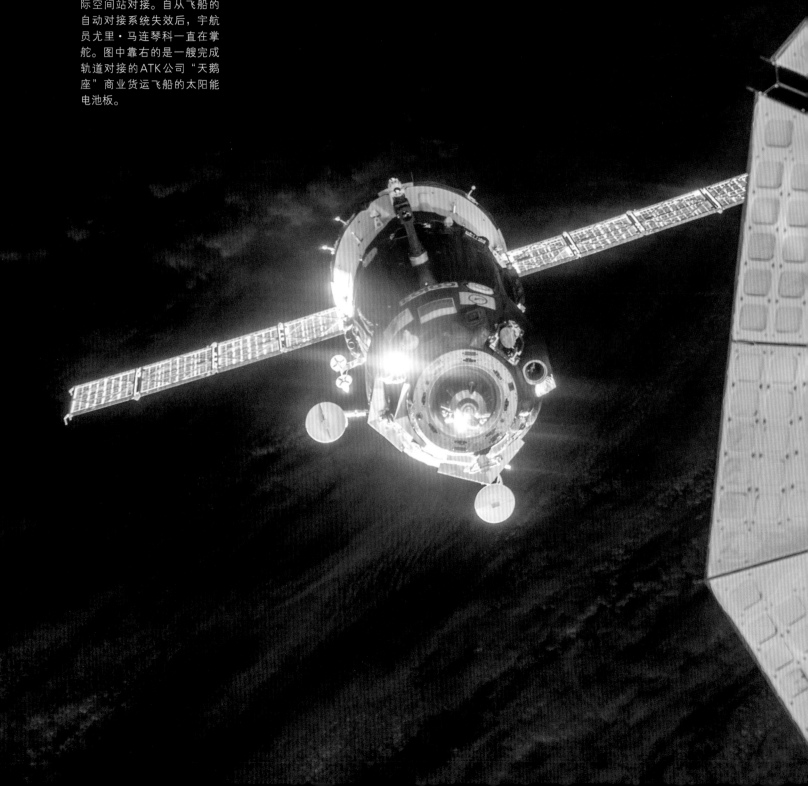

欢迎回家

2016 年 3 月 1 日，联盟号TMa–18M 飞船刚刚在哈萨克斯坦邻近杰兹卡兹甘市的偏远地区着陆，技术人员和媒体就蜂拥而至。飞船内的美国宇航员斯科特·凯利及俄罗斯宇航员米哈伊尔·科尔尼延科和谢尔盖·沃尔科夫刚刚在太空中待了近一年。

英雄 | 马克·凯利和斯科特·凯利

NASA宇航员兼工程师

2016年3月1日，美国宇航员斯科特·凯利乘坐俄罗斯联盟号飞船返回地球。他在国际空间站待了340天，也就是将近一年的时间。其间，他参与的实验将为推动人类登上火星铺平道路。

在这段时间里，斯科特·凯利在地球上的孪生兄弟、NASA退休宇航员兼工程师马克·凯利参与了一项有关空间旅行对身体影响的新奇研究。对于NASA来说，双胞胎研究是一项全新的工作，确切地说是基因层面的工作。而凯利兄弟又是唯一一对曾在太空旅行过的双胞胎。该研究着眼于火星，收集了兄弟二人的数据，这有助于确认在前往火星的长途旅行中可能出现的问题。长期空间任务的医学和心理学专业知识是规划可能持续500天及以上的往返旅程的基础。

凯利兄弟在斯科特飞行前后及过程中都接受了身体和认知测试。从斯科特在轨期间，乃至他回来之后，马克都要定期进行一系列的抽血、超声波检查及其他测试。着陆后，斯科特全面检查了自己的身体状况，注意到在太空的停留导致他的脊椎舒展，让他长高了一英寸半。"重力会使你恢复原本的身高。"他说道。

回到地面后，斯科特·凯利说："我想，唯一令我震撼的事情就是一年竟如此漫长。"接着他补充道，他在通过空间站的窗户望向人类家园的过程中受益匪浅。"地球是一颗美丽的行星……它对我们的生存至关重要，而空间站是观察它的绝佳地点。"

斯科特·凯利的建议是，太空旅行者需要专注于手头的任务。"顺其自然过好每一天，这很重要。我试着去考虑临近的重要事件，比如下一支机组何时抵达？下一艘飞船何时到访……以及下一场大型科学活动何时举行？"在他看来，"如果前往火星需要两年或两年半的时间"，那它就可行。最大的动力就是要第一个到达那里。尽管如此，挑战依然存在，他这样说道，并特别指出到达遥远行星时的辐射暴露问题。

参与双胞胎实验对这兄弟二人来说是一次积极的体验。"作为一名在NASA执行过4次飞行任务的宇航员，我不得不说，就我所从事的人类研究而言，这可能是我迄今为止贡献最多的一次。"马克这样指出。

抛开体检结果不谈，斯科特在着陆后立即就从他兄弟身上得出了一个结论："他晒黑了……因为他打高尔夫球的次数太多了。"

斯科特·凯利在他和米哈伊尔·科尔尼延科及谢尔盖·沃尔科夫着陆仅仅几分钟后竖起了两个大拇指。后来，斯科特和他的孪生兄弟马克一起参与了NASA关于长期失重对人体影响的研究。

设计火星生活方式

"火星500"是俄罗斯生物医学问题研究所和欧洲空间局的一项联合计划，他们已经在莫斯科一个特别设计的设施（见右图）中进行过多次模拟火星旅居实验。从2010年6月到2011年11月，来自意大利的工程师迭戈·乌尔维纳（见下图）和5名机组同伴一起在这个居住舱里度过了520天。

沙漠演练

与世隔绝的荒芜景色使得犹他州南部成为火星居住模拟的最佳地点。自2001年以来，非营利组织火星学会一直在此地运行火星沙漠研究站，旨在营造一种类似于生活在火星上的体验。

挖掘火星生命

火星学会犹他州沙漠研究站的研究人员（见左图及下图）穿着他们在火星上将不得不穿的宇航服，操着将在火星上用到的工具着手收集土壤样本。该研究站的每一项活动所给出的测试结果也将应用于火星生命的探索。

英雄 | 吉姆·帕斯

天体社会学研究所首席执行官

人们很容易被空间旅行的技术奇迹所吸引，这不足为奇。征服太空就是高科技核心工程的最高境界。但加利福尼亚州天体社会学研究所的吉姆·帕斯认为，接受"天体社会学"现象的科学研究也很重要，该现象是与外太空旅行有关的社会、文化和行为模式的软科学。

自50多年前太空时代开始以来，人们的关注点一直放在STEM（科学、技术、工程和数学）等学科上，帕斯说道："其中首字母'S'代表科学，但不包括社会和行为科学，更不用说人文或艺术学科了。"今天，人们讨论的STEAM能力又增加了艺术学科。这虽然是一个可喜的进步，他说，但仍然没有囊括社会科学。"除非这两个科学分支发生显著的融合，否则我们无法成功定居火星，而我认为天体社会学就是实现这一目标的方法。"他补充说，"就像我在地球上一样，我们到了火星也需要社会科学家。"

"移居到火星和月球等其他空间环境似乎是人类的未来之路。"帕斯说。而其回报也是丰厚的：开采小行星以获取地球所需的资源，缓解人口过剩和过度使用而导致的资源枯竭，避免人类因地球灾难而灭绝，满足人类探索新疆域的渴望。

"这种种好处自然很重要，但我们需要以一种可靠的方式移居火星。"帕斯警告道。同时，他特别强调地球和未来火星定居者之间极大的通信延迟的含义。"这种延迟……意味着许多决策需要由定居者自己做出。此外，自主性也往往会引发日渐高涨的民族中心主义。到了某个时候，火星移民可能会和地球上的资助者们绝交……所以，行星际关系是我们如今应该研究的另一个未来可能性。"

帕斯注意到，以可持续、大规模的方式移居火星可能需要数十年的时间，所以考虑接下来要做什么就是一种着眼于遥远未来的演练，而这未来也许是在100年之后。"我能够见证人类开采小行星，也可以看到天体生物学家和行星科学家探索木卫二（Europa）等各种空间天体，并且生活在不同地方的空间站里。"

这就是为什么"我们现在就需要获得这类天体社会学的知识，我们在地球上观察到的原理和现象将在火星上原样重现。"帕斯说道，"因为我们同属人类……无论迁移到太阳系的哪个地方，我们都将把人类的文化元素和社会结构及制度带过去。"

发现号航天飞船机组的宇航员们在成功抵达国际空间站后摆出圆满的姿势，透过他们脚下的圆顶窗口可以看到地球。

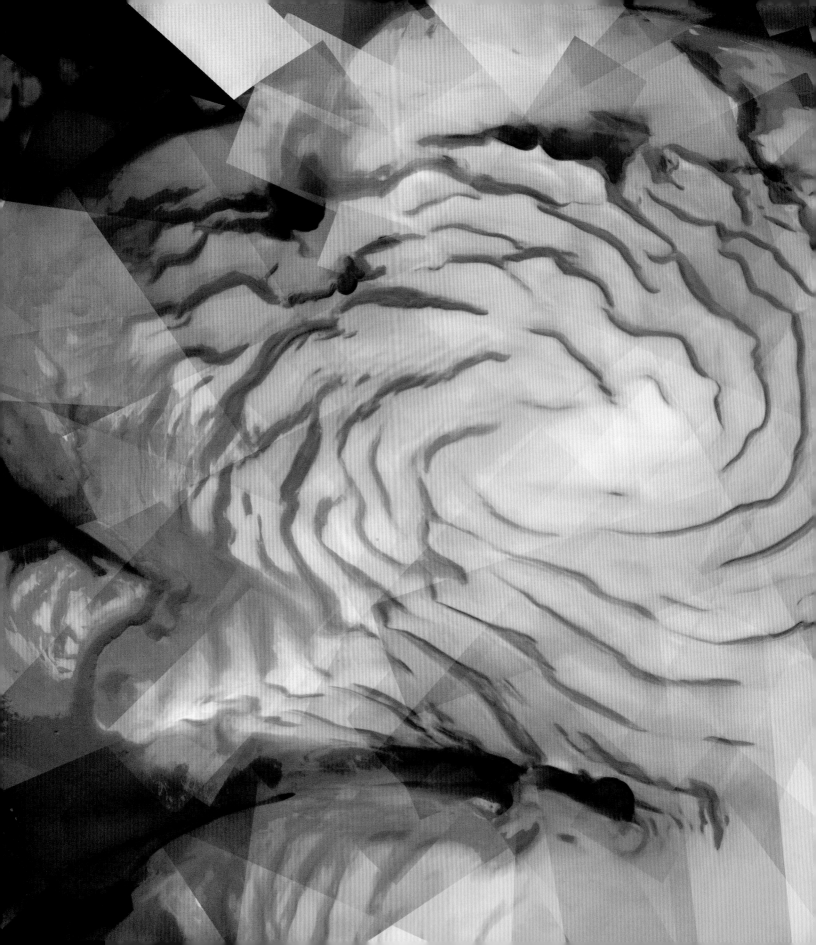

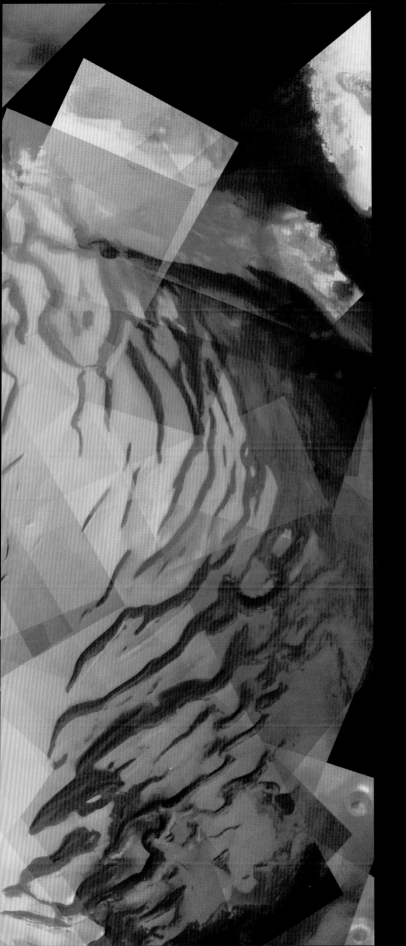

洞察极地

自 2003 年以来,欧洲空间局的火星探测器"火星快车(Mars Express)"一直在环绕火星轨道运行,它描绘了这颗红色行星的冰封两极。该任务的高分辨率立体相机拍摄的 57 幅图像经合成后显现了北极冰盖的真容(见左图)。这架相机从 6000 英里高空一次抓拍到南极全景(见下图),然后对颜色和尺寸进行了校正。

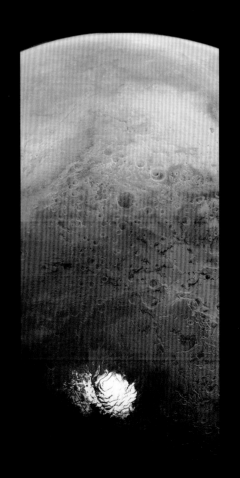

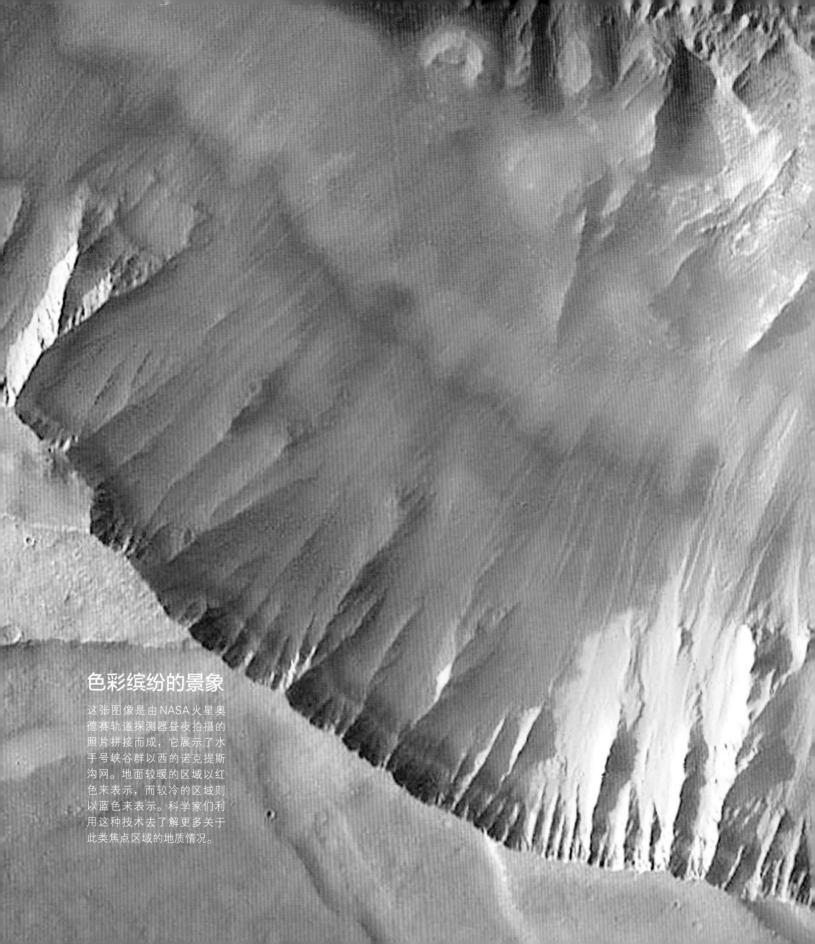

色彩缤纷的景象

这张图像是由 NASA 火星奥德赛轨道探测器昼夜拍摄的照片拼接而成，它展示了水手号峡谷群以西的诺克提斯沟网。地面较暖的区域以红色来表示，而较冷的区域则以蓝色来表示。科学家们利用这种技术去了解更多关于此类焦点区域的地质情况。

居住地必须满足一些特别的
要求，以应对巨大的温度波
动、极度匮乏的水资源和持
续辐射造成的死亡威胁。

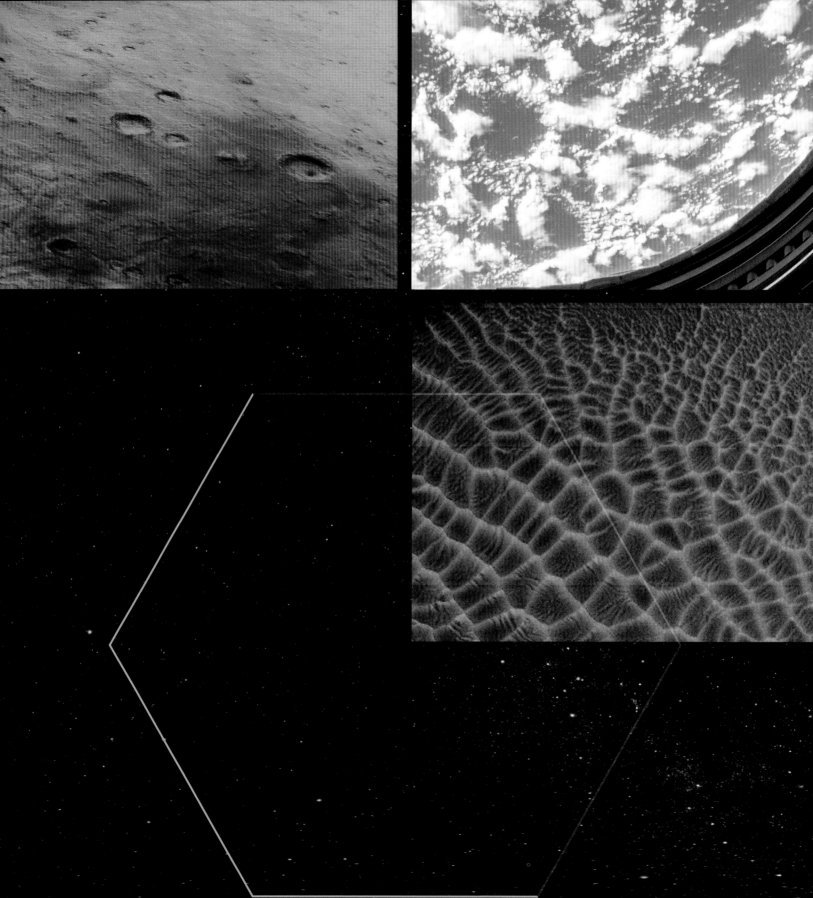

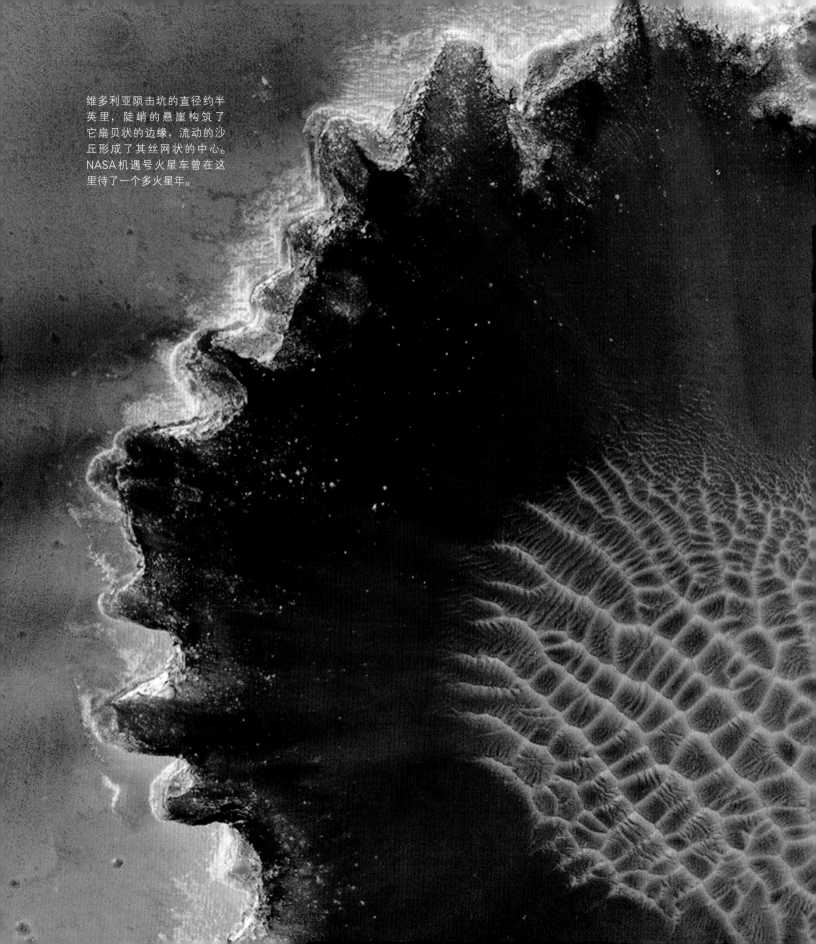

维多利亚陨击坑的直径约半英里，陡峭的悬崖构筑了它扇贝状的边缘，流动的沙丘形成了其丝网状的中心。NASA机遇号火星车曾在这里待了一个多火星年。

3

基地

火星可不是地球略带上红色后的翻版。它是一颗缺乏海洋的复杂行星。无论是从高空，还是在地面上观察，火星都是一个极度干燥、多石且寒冷的世界。这里也是太阳系中已知最大的火山和最深的峡谷的家园。

火星表面的风通常是柔和的，风速据估计约为每小时6英里，但阵风可以高达每小时55英里。不过，这颗行星上的微风比地球上的风更轻柔无力，因为火星大气的密度较低，大约是地球的1%。

然而，火星也有其可怕的一面。火星大气稀薄，使得漫步于火星上的人类暴露在致命的空间辐射中。火星没有重要的臭氧层，再加上总的大气压低于地球，所以火星表面的紫外辐射通量较高。空间医学专家已经发出警告，火星上辛勤工作的宇航员们受到的辐照暴露会使他们面临罹患癌症的风险。

此外，火星的温度范围从赤道附近的86华氏度到两极附近极寒的零下284华氏度不等，波动很大。最重要的是，火星覆盖着一层高氯酸盐，这种有毒物质在剂量足够高的情况下会影响甲状腺功能。总之，火星并非一个友好的地方。

空间建筑师和工程师在设计火星上的人类家园时，必须考虑到所有因素。首要任务是弄清楚该如何呼吸。火星大气的密度大约只有地球大气的1%，相当于我们地球10万英尺高空的大气密度，且主要成分是占比95%的二氧化碳（CO_2）。火星上几乎没有纯氧存在，这就是麻省理工学院海斯塔克天文台的迈克尔·赫克特正在进行的工作的核心挑战。他说："然而幸运的是，每个二氧化碳分子中都有两个氧原子，只要有足够的能量，就有可能利用二氧化碳来制造氧气。"事实上，树木一直是这样做的！一个旨在复制这一过程的系统将会出现在NASA的火星2020探测器任务上：一个专门的逆向燃料电池，以用于火星氧气就地资源利用实验，昵称为

2015年，当好奇号火星车前往夏普山（Mount Sharp）的时候，拍下了它成功跨越的崎岖岩石地形。这里的地层提供了过往岁月里流水的证据。

压强骤降

第一次载人火星任务正处于危险状态。由代达罗斯号的令人困惑的下降而导致的一系列问题，已经让火星队落后于原计划了，甚至连基本的居住舱都难以维持。当地球上的控制组织开始质疑继续执行任务的价值时，团队必须争分夺秒地为他们找到一个合适的驻扎地点——或者下一个到达火星的火箭将终结他们的任务并把他们带回家。在下穿过熔岩洞后，研究小组争分夺秒地寻找合适的地点来驻扎。

MOXIE。MOXIE收集在火星上发现的天然的二氧化碳，并通过电解将其分解成一氧化碳（CO）和氧（O_2）分子。如果被证明能在火星2020年的任务中运转，一个类似于MOXIE的系统就可以为火星上的宇航员提供可呼吸的氧气，并将液氧作为他们返回地球的火箭燃料。

赫克特说，MOXIE是一项史无前例的实验，它将人们的注意力吸引到"使用大自然所提供的东西来代替我们原本必须随身携带的东西的艺术"。下一个问题："火星上的大自然能提供足够的水来满足人类的生命吗？"

自2006年以来，NASA的火星勘测轨道飞行器就一直环绕着这颗红色星球，用它的高分辨率成像科学实验（HIRISE）照相机系统对这个星球轮廓进行了详细的扫描，这是有史以来最大的一次太空任务。结果是极好的，而且极具科学意义。

图森市亚利桑那大学的行星地质学教授，这个超级照相机的首席研究员阿尔弗雷德·麦克尤恩解释道："HIRISE已经把火星变成了一个熟悉的世界。这些HIRISE图像分辨出了一个人在地表徒步穿越时所能看到的特征，并且表明了火星上目前的进程可能是奇怪的。就像季节性的二氧化碳霜冻产生的悬浮颗粒所刻蚀的沟壑。"

这些新鲜的沟壑呈现出地球上的水流般的图景。2014年，火星研究专家提供了最有力的证据，证明了火星上存在零星的流动液态水，这可能有助于维持该星球上的远征队的生存。位于华盛顿特区的NASA科学任务理事会的科学和探索助理主任里克·戴维斯说："在火星上发现大量的水将会改变游戏规则。"然而，在火星水龙头中找到足够数量的水以支持人类居住的需要，仍是一项正在进行中的工作。需要使用火星的什么原料来生产可利用的水，以冰、含水矿物质还是深地蓄水层的形式？戴维斯建议："我们需要变得更聪明，要确定在火星何处设置基地才能最便利地获得水源。"

去何处落地生根

作为未来第一个人类营地的候选，火星上的数十个地点正在接受严格的审查，所有的地点都在火星赤道以北或以南50度以内——这个地区，就像地球一样，将是最温暖的。想要被指定为早期勘探区，这个地点必须满足若干标准。它需要提供能容纳3~5个着陆点的装置，并且要为一支续征战500个太阳日的4~6人的远征队提供一个基地，这几乎是地球上一年半的时间。它应该使得人们相当容易地接近具有科学吸引力的区域和潜在的可利用资源。

NASA的位于得克萨斯州休斯敦的拉里·图皮斯和斯蒂芬·霍夫曼科学应用国际公司，作为从人类到火星的规划者，认为早期的火星站需要设置一个活动区。他们的想法是将部分活动保持在距离空间站相对较近的地方，并使空间站远离危险的事件，比如起飞和降落，这些事件可能会从轰鸣的火箭引擎中抛射出危险的碎片。图皮斯和霍夫曼预设一个有4个独立区域的布局：

居住区。这个区域将是火星站的中心，有船员住所、研究设施、后勤储存基地和农作物种植设施。

动力区。一个火星站很可能由核能系统驱动，尽管太阳能也是可能的。如果是核能，其硬件应该远离机组人员和其他基础设施。

主要着陆区。这个区域主要是火星上飞行器的着陆和起飞的地点。最终，飞行器推进剂可以在这里制造。

货物着陆区。位于居住区附近，这些区域是进港货船的运输区域。

任务中的机器人

火星探险者将使用多种多样的机器来扩展他们在基地附近之外的探测。使用陆基滑翔机、搭载仪器的气球、机器人蛇和履带牵引装置，来检查例如熔岩洞这样的地下凹室——所有这些机器人装置，都是在可以为人类探险者做一些探索的考虑之下而设计。

一种设想是，布满传感器的"滚草船"在风力驱动下使用最少的能量在地面上穿行。这些低成本的机车会在漫长的冲刺过程中随机地在火星上漫游，也许还会在残余的火星冰盖上滚动。能够执行天体生物学的任务，自动地滚草也可以帮助勘察遥远的火星地表来搜寻自然资源。

机器人"跳虫"（hoppers）可能会从一个点跳跃到另一个点，每次跳跃都在研究场景内，然后急转到另一个区域。长寿命的齿轮通过"吸食火星"会重复成百上千次模仿袋鼠的跳跃——也就是说，吸进大量的富含二氧化碳的火星大气作为推进剂。每只跳虫使用机载放射性同位素电源点燃燃料所存储的热量，而定向爆破器将机器发射到一个新的着陆点。

人们已经注意到可以从哨站升起一个气球。这是为了引导他们自己而设计的，一个空中舰队就可以完成对火星的详细的评估。气球能够进行长时间飞行的能力，使得这种方法可以进行两极探测，也可以进行定点侦察。气球可以搭载一辆小型的探测车，一个小型的地球化学实验室，或者在某个感兴趣的地点设置一个小的导航灯塔。火星探索者的另一位空中大使是虫形飞机，有点像机器虫子。这些仿昆虫的奇妙装置拍打着翅膀在行星上巡逻。一旦释放，利用火星的低大气密度和低重力，它们就会开展自己的科学研究，比如拍摄下侧地域的图像或采集样本，然后飞回它们的出发地点，进行卸货、加油、检查和再次起航。

衣食住行

火星上早期先遣部队的住所将会是很朴素的，但会随着时间而发展……并且是很大规模的发展。概念上的第一个前哨站的设计是叫作"通勤者"（commuter）的建筑。居住舱将会被安置在相对平坦和安全的位置。地面机动车辆将把远征队运送到附近的具有较大地质多样性的地区。

指望着在火星上闲庭信步吗？已经从国际空间站中获得了太空行走的机会的NASA宇航员斯坦利·洛夫建议，这样需要做大量的准备工作。训练包含一种身

降落伞和气球技术可能有助于沉重且敏感的仪器在火星软着陆，这是由Foster和Partners两家建筑设计公司所描述的场景。

着宇航服的氧气预呼吸方法，这样的方法可将氮气从身体中驱赶出来，如此一来，当在外部工作宇航服压力降低时，太空行走者就不会得减压病。宇航服本身也需要大量的维护。2012—2013年，在南极的 ANSMET（南极陨石搜寻计划）远征任务中，斯坦利·洛夫根据经验说："对于火星来说，我们还不知道这些宇航服需要耐受多少高空作业，我们也不知道在住所内将采用多大的大气压力。这反过来又决定了一个人在外出之前要预呼吸多长时间。"他估计道："如果我们能让我们的火星宇航服和装备像现代的极地装备一样易于使用和维护的话，我们可能会期望每天平均能够花4个小时用于居住地外进行探索和科学研究上。"

为了在火星上建立一个住所和研究站，太空旅行者们首先将重新设计那些携带必要货物一同到火星的后勤舱。科学应用国际合作公司的首席火星航天工程师斯蒂芬·霍夫曼解释道："一旦基本的住所在那里建好，后续的工作人员就只需要带着他们的后勤补给，而不是住所。"例如，一个货物舱可以被改造成一个植物生长室或一个独立的科学舱。它不会大到可以让全时工作的船员们种植食物，但它将是一个起点，大到足以验证什么奏效什么不行——而且可能大到足以提供一些新鲜的食物来点缀船员的包装食品供应。

| 基地 | 119

火星是人类太空未来的关键所在。它是拥有支持生命和技术文明所需的所有资源的行星中离地球最近的一颗。它的复杂性独特地考验着想要为人类移民者铺平道路的人类探险者的技能。

——罗伯特·祖布林（火星学会会长）

资源丰富

火星上的初步营地预计将在跨越20余年的多重载人和自动货运任务中得到扩充。随着越来越多的组件到达现场，增建基础设施的节奏也越来越稳定，这意味着未来的机组队伍可以在携带更少的从地球装配的物资的情况下茁壮成长起来。基于我们"利用丰富的火星资源，而不设法从资源稀缺的地球搬运"的首要原则。像这样的分阶段计划已经在NASA的兰利研究中心发展起来，前两名工作人员将建立一个小型的地下栖息地，与包含大量燃料、生命维持液体和食物的储藏区域互相联通。燃料和生命维持液体将从火星表面收集，从冰层中以及火星的大气层中提取。废水将被循环利用，用以种植一些食物。随着时间的推移，火星站将成为许多新技术的试验场，这些新技术可以使人们从地球上独立过来，甚至可能超越地球，提供燃料、氧化剂、生命支持、备件、替换飞行器、栖息地和其他产品，以便在近地轨道之外开展进一步的太空飞行。

每一个随后到达火星的船员都会给组织带来一些新的东西，尤其是在制造业和其他可使火星逐步独立于地球的进程中。我们的目标是利用由火星资源生产的塑料和从废弃的入口、下降和着陆硬件翻新的金属，完全地在火星上建造探测车。

3D打印——也被称为增材制造——的力量在国际空间站已经为空间制造带来了变革。在空间站已经可以在一小段时间内制造出一些物品，而在过去只能利用地面准备和发射将所需要的这些物品制造和传送上来。所以，如果3D打印在近地轨道运转，那它可能在火星上运转吗？

安德鲁·拉什是专门从事零重力下3D打印的空间制造公司的首席执行官，他认为可以在火星上运转。拉什认为，加法制造将是火星可持续生命的重要基石。拉什说："去露营旅行的人和那些定居在蛮荒之地的人之间的根本区别在于定居者随身携带的工具。"定居者必须携带他们的制造工具。他说："最早的火星定居者必须携带制造技术，而且随后的每一批定居者都要对这些技术进行升级和扩展。"

火星上的增材制造设备将能够利用星球自身的资源来创造工具、生产材料和食物，甚至更多。拉什预言："食物打印技术和更多其他的新兴领域，将在从现在到火星移民之间的时期蓬勃发展，例如，可以远程制造地球美食。"与此同时，南加州大学快速自动化制造技术中心正在进行的工作包括了"轮廓工艺"——自动化结构的建造，并从根本上减少建造的时间和成本。大规模的部件可在同砖块一样厚的土层上建造，因此就可以实现快速建造大型结构建筑物。在地球上，这种方法可为低收入群体生产出高质量的保障性住房，甚至可以快速建设紧急避难所和应对灾害的指定住房。兰利研究中心主任比洛克·霍什内维斯看出了它在月球和火星上使用的可能性。同样的，研究中心正在开发选择性分离成型技术，利用增材制造技术来制造金属和陶瓷，以及用月球和火星上可用的资源来制造复合材料。

梦想建筑

那么，未来火星上的住所是什么样子的呢？将可得到的资源和尖端3D打印技术与大量的想象力相结合，现实的、在那颗星球上的居住地开始显现。它们确实是当今世界上许多建筑师、工程师和规划师的梦想。

2015年，NASA和国家增材制造创新协会，即美国制造公司，联合举办了一场竞赛，招募创意团队为火星等深空目的地设计3D打印住所，共收到了超过165份参赛申请书。第一名是火星冰屋（Mars Ice House），这是一座完全由冰建成的蜂房状圆顶建筑。火星冰屋由总部位于纽约的SEArch（空间探测建筑）和一个叫作Clouds AO（云建筑办公室）的建筑和空间研究团体设计，冰屋由半自动的机器人打印机制作，收集地下水冰，将其累积作为建筑结构的内墙和外墙。因为冰屋是用火星上可利用的材料制作的，所以无须从地球上运来重型设备、物资、材料或结构就可以完成。

火星冰屋利用火星北纬地区大量的水和较低的温度，建造一个多层加压辐射状冰壳，这个结构围绕着陆器和花园建造住所，但光线可通过进入生活区。甚至在宇航员到达火星之前，建造工作就可以用数字制造技术半自动地完成。研究小组解释说："冰屋的诞生源于火星建筑中将光线和户外环境联系起来的迫切需要，是为了创造一个受保护的空间，在这个空间里，大脑和身体不仅能生存，还能生活得很好。"

比赛的第二名授予了伽马团队，一个位于纽约的Foster + Partners设计团队。他们的模块化栖息地建设方法始于在火星表面空降一系列预先编程好的半自主机器人，这些机器人在任何宇航员着陆之前很长一段时间到达。三种机器人——挖掘机、运输车和熔炼机——去挖掘一个深坑，沿途收集松散的泥土和岩石。然后，他们用充气模块把洞填满，再把松动的岩石和土壤装回周围，用微波把材料融合成坚固的墙。最终建成的坚固的3D打印住宅，面积1000平方英尺，可容纳4名宇航员；融合在一起的火星土壤形成了一个永久的屏障，保护住所不受极端辐射和恶劣的外部温度的影响。该设计将空间效率与人类生理学和心理学相结合，设计团队说，私人空间和公共空间重合，室内用软材料完成，增强虚拟环境，以抵抗单调，创造积极的生活环境。

"我们的未来就在熔岩里。"在比赛中获得了第三名的设计团队说道。熔岩蜂房（LavaHive）——由德国欧洲航天局和奥地利液化系统集团的工匠设计——是一种模块化的添加制造火星住所，使用独特的"熔岩浇铸"施工技术和回收的航天器材料建造而成。

熔岩蜂房从一个由地球带来的充气圆顶开始，它的屋顶是由进入火星飞行器的关键部件制成的。在那之后，船员们将挖掘表层——松散的沙子、岩石和地球表面的沉淀物——用作建筑材料。有些会被熔化，并被浇铸成形状（即"熔岩"）；有些会在高温下烧结或热压成固体结构材料。这些部件组合在一起将被用来建造更多的圆顶形建筑，然后将其连在一起。"我们设想使用火星风化层作为建筑材料，"熔岩蜂房设计团队负责人艾丹·考利说，"并通过回收通常撞击在火星表面的航天器部件，我们能获取更多。"

3D打印技术为火星探险提供了现场建造能力。在这里，美国太空制造公司在打印机的顶部展示了打印出来的样品，在打印机的后面是用于测试地球过程的微重力科学手套箱。打印机现在在国际空间站运行。

通过结合熔岩浇铸和热压火星土壤，生活在原始住所的工作人员将能够在主要充气部分周围建造连接走廊和亚生活区。这些亚生活区内部将被用环氧树脂装备和密封，并根据任务设计配备成研究区域、车间或温室。一个气闸模块适用设备（环境控制壁橱的太空术语）可容纳4名机组人员进出。维修车间和对接端口可以连接到一个移动漫游者。这个移动漫游者是加压密封的，可以在火星上行驶。设计模块化和建筑材料局部可持续性，使LavaHive住所可以随时间扩大。

天然的火星设计

在火星上居住的设计必须实用且梦幻。例如，由科罗拉多州丹佛市MOA建筑公司开发的NEO Native，用创建它的设计团队的话来说，被承诺是"一个活的外壳，它能响应周围的环境，突破我们的认知以及我们是谁的局限"。这种结构由3D打印技术制造，使用的是风化层材料，它的形状将取决于建造它的所在地的火星地形，外观更像是躺在地面上而不是矗立在地面上的摩天大楼。NEO的原始设计师设想了先进的3D打印能力，可以扫描提议的居住地点，然后利用这些规格参数制造出适合环境的结构。他们提议在火星的水手号峡谷群地区建造NEO——该地区气候适宜，与地球的潜在通信能力较强，并且可以接触数十亿年的暴露地质。他们将该地址与美国西南部神圣的四角地区相比较，那里是普韦布洛文化的发源地，在那里"住所提供了庇护和保护，同时服务于建立一种文化认同，这种文化认同基于对大地和天空的精神表征和观察"。以同样的方式，NEO原始建筑师解释道："当我们把火星表面的尘土和石头变成人类的铁和骨头时，我们必须……被提醒，当我们观察比我们自己更古老的东西时，我们也在展望我们自己即将到来的未来。"

一些设计师考虑得更为长远，如何在这个红色星球上实现可供许多人甚至许多代人生存的可持续的环境。这是"火星城市设计竞赛"（Mars City Design competition）的使命。该竞赛是洛杉矶建筑师兼电影制片人维拉·穆莉亚妮（Vera Mulyani）的创意，她有一个不仅是探索火星更是将火星作为人类家园的崇高愿望。她说："我们需要号召新一代的思想家和创新者使这成为现实，这一点至关重要。通过使用火星，我们或许也能治愈地球。"概述在火星上建立一个城市的挑战——残酷的气候，宇宙射线和紫外线辐射，低重力，没有来自地球的额外帮助、自我维持物资的需要——穆莉亚妮及其同事呼吁从基础设施、农业到人类健康和服务等几个领域进行创新设计。

和穆莉亚妮一起审查这些设计的是一组杰出的专家，他们代表了世界各地的人们是如何认真对待当我们去火星上生活将会是什么样子的问题。

企业家阿努什·安萨里在2006年自费在国际空间站进行了8天探险，她认为这是"一个非常具有历史意义的时刻"。格里高利·约翰逊，太空科学促进中心（负责管理国际空间站上美国国家实验室）的主席和执行董事，预测"一个某一天征服

灾难

基础必需品 | 住所和衣物可能不足以保护我们免受太阳和宇宙辐射的伤害。提供氧气的技术可能会失败。火星上的水可能不够。当我们吃完我们带来的食物后，我们自己种植是一个挑战。

会出现什么问题呢？

火星的伟大挑战在我们面前"，将需要"所有得于过去空间项目的创新和想法以及下一代的新思想和创新"。美国宇航局喷气推进实验室火星科学实验室的项目经理詹姆斯·埃里克森也将审查火星城市竞赛的参赛作品。"火星上有地球上没有的约束，"埃里克森说，"但地球上也有火星上没有的约束。"他认为，进行天马行空的思考的时机已经成熟。"我们知道这是底层，我们有机会重新开始。"

加压旋转器——本质上是流动的科学实验室——将携带火星探测器和设备远离基地，从而超出了最初的着陆点，大大扩展了探索区域。

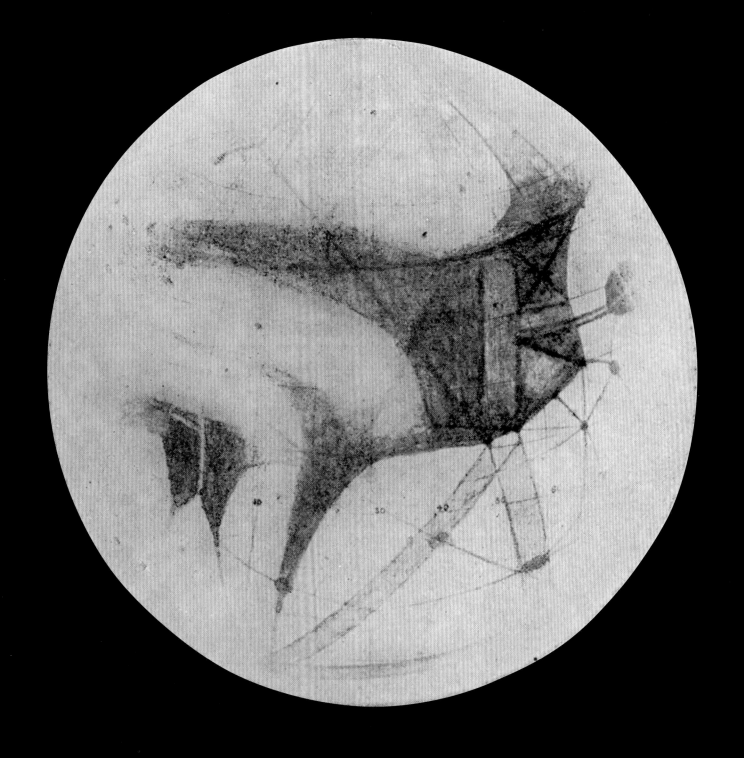

洛厄尔的运河

美国天文学家珀西瓦尔·洛厄尔在他1906年的著作《火星和运河》中记录，他通过观察例如巨大的水手号峡谷群（对页）这样的地貌特征，提出了建造一个工业化的灌溉系统，展现出"建造者的世界级的智慧"。虽然他的假设现在看来是没有根据的，但他关于火星表面特征变化的大量记录与最近的季节变化观察相吻合。

恍然大悟

为了充分利用表面风，美国宇航局的工程师们提出了"风滚草"的设计：一种能够在地面上快速移动并收集数据的仪器设备。

探索中心

每一个长期的居住计划，比如这位艺术家对一个充分运作的火星研究基地的设想，这些都涉及一个任务接一个任务的基础设施的缓慢积累。随着时间的推移，多个模块建立在一个早期简单的前哨基地，经营生活方式和探索的可能性，延长船员的停留时间。

为火星充分准备

航天服设计师在设计下一代地外航天服时面临着许多要求。与早期的设计相比，PXS（探索太空服原型）更加灵活，部分可以通过3D打印生产。Z2（右图）是专为火星设计的航空服，以简化样品收集过程。每期设计的航空服包括一个便携式生命维持系统。

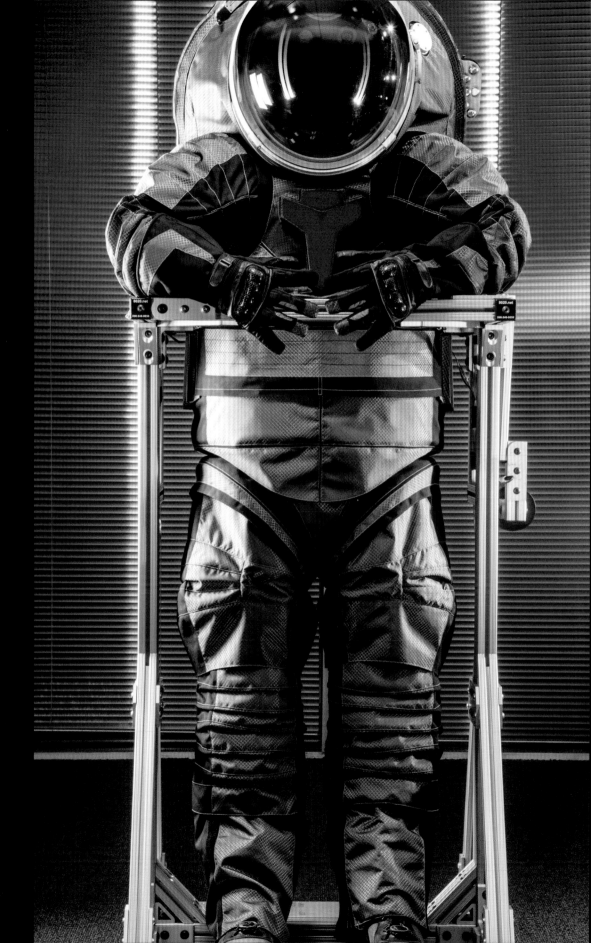

前沿住所

在美国宇航局最近举办的火星住所3D打印竞赛中,伽玛设计团队获得亚军,他们提议使用当地的风化层或者说是表面岩石作为基本材料,然后围绕在一个模块化的充气罩外生成一个防护罩。

英雄 | 布雷特·德雷克

休斯敦航空航天公司空间系统架构师

自20世纪80年代以来，布雷特·德雷克就一直在评估将人类送往火星和返回地球需要做些什么。德雷克是美国宇航局约翰逊航空航天中心最重要的思想家，他领导的火星建筑指导小组制作了建筑设计参考5.0———一份将人类安置在火星上的详细审查报告。他现在在休斯敦的航空航天公司工作。

德雷克说："我经历过很多起起落落。我们知道从系统和技术的角度我们需要什么。这只是一个开始的问题，开始开发这些系统，证明它们，然后继续。在NASA的详细评估中，我们发现了火星旅行的物理极限。"他又说："这些限制迫使你进入一个我们非常熟悉的解决方案集。尽管如此，我们仍然需要弄清楚一些事情，比如进入、下降和着陆，包括将宇航员运送到这颗红色星球的确切技术。"

德雷克说，这些年来，火星任务的蓝图发生了变化。其中一个变化是，第一次着陆后的任务变成将火星回到相同状态。其目的是在显式站点上建立更大的功能。他补充说，对于随后的宇航员来说，火星上的生活将会变得更加轻松。"因为人类对火星的探索将会是一项巨大的任务———许多国家多年来都需要付出努力———一个单一的任务是没有意义的。"

今天，划定到火星的路线是复杂的。德雷克说："那些拥护去月球的人想回到月球，因为他们认为火星离他们太远了。""火星拥护者不想去月球，因为他们认为这是一种分心，会推迟人类去火星的时间。"例如，欧洲正在推行"月球村"的概念，将其作为通往这颗红色星球的先导门户。至于月球计划可能影响到达火星的时间是有争议的。他补充说："要在这些相互矛盾的目标之间找到平衡是一项挑战。"

德雷克把NASA今天的火星计划描述为"渐进式扩张"。关键的一步是获得一流的发射能力，需要建立和运行地面基础设施。德雷克说，另一个步骤是对猎户座宇宙飞船进行长时间、深空任务的改造。这意味着将近地空间和顺月空间(地球和月球之间，包括月球轨道)转化为试验场。他相信，这些按部就班的演示使向前往火星的宇航员挥手告别并祝他们好运成为可能。

"它只是展示了那些我们知道自己需要的关键能力。"他表示，它们的进展使火星离我们更近一步。

"火星建筑"不仅意味着建筑，还意味着交通、通信、研究目标和生命维持系统，它是跟踪接下来几十年的行星探索的基础。

生存必需品

火星上早期的居住地将会扩
大，从而允许宇航员扩展他
们的探索区域。由太阳能电
池提供动力的机器人通过一
个由太阳能电池提供动力的
加压探测器以最快速度达到
居住地的路线传送补给，如
左图所示。

想象火山喷发

奥林匹斯山高8.85万英尺、宽374英里，是太阳系中已知的最大的火山——如此之大，正如一位艺术家的作品所示（见下图），从火星表面可看见它像一个升起的土丘。中心的火山喷口几乎和山一样宽，据说火山爆发后会崩塌。

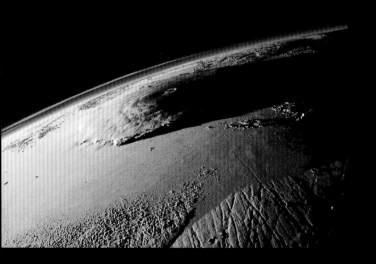

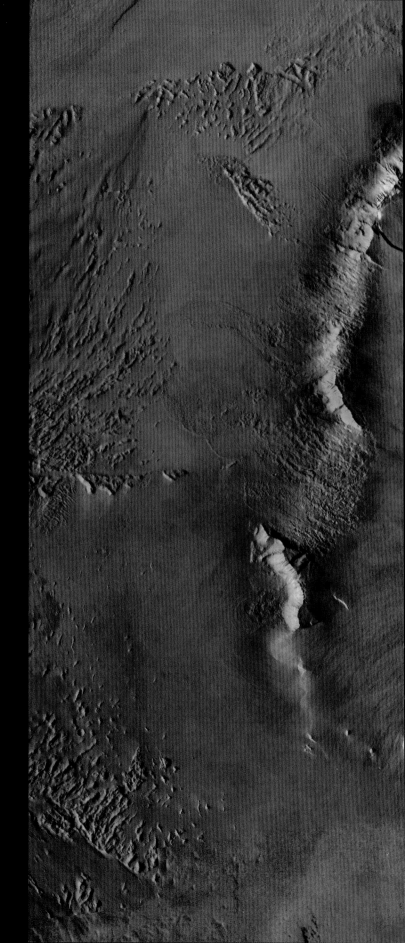

环状减速

美国宇航局正在开发一种巧妙的重返大气层技术，这种技术是将10英尺厚的隔热板压缩成一个15英寸宽的包裹，然后与氮气一起膨胀成蘑菇状，以减缓和柔化有效载荷着陆时的冲击力。

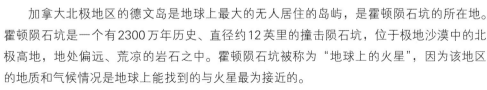

英雄 | 帕斯卡尔·李

霍顿火星项目主任、火星研究所主席、NASA艾姆斯研究中心主任

加拿大北极地区的德文岛是地球上最大的无人居住的岛屿，是霍顿陨石坑的所在地。霍顿陨石坑是一个有2300万年历史、直径约12英里的撞击陨石坑，位于极地沙漠中的北极高地，地处偏远、荒凉的岩石之中。霍顿陨石坑被称为"地球上的火星"，因为该地区的地质和气候情况是地球上能找到的与火星最为接近的。

"气候很冷，但没有火星那么冷。"火星研究所主席、霍顿火星计划(HMP)的任务总监帕斯卡尔·李说，火星研究所正在进行一项跨学科的研究。"气候干燥，不像火星那么干燥。这个地区有的是多岩石的冻土和冰川，不是完全没有植被，但大部分都没有植被。"

这些特征在模拟那颗红色行星的条件和景观方面"符合的方向"，李说。他是一位行星科学家，曾带领30多支探险队前往北极和南极洲，通过对比地球来研究火星。这就是为什么该岛是HMP的基地。他说，未来的火星探险者可以通过到这里旅行而获益，这为以更安全、更有效的方式探索在遥远的火星上生活得更长时间提供了一个受欢迎的平台。李说，国际野外研究项目始于1997年，是地球上NASA资助时间最长的研究项目。该项目的研究站是一个住所集群，也是一个火星前哨基地如何配置和运作的模型。李说："已经有宇航员参观了这个地方，我们希望更多的宇航员将这儿作为他们实际训练的一部分。"他补充说："HMP是一个真正的实地考察环境。"他为火星上人类科学和探索活动计划的美好未来而高兴。

此外，多年来，HMP远征队已经评估了各种各样的设备：新的机器人漫游者、太空服、钻头和无人机。硬件单上还有火星一号和Okarian悍马漫游者，HMP的两款模拟增压漫游者，可以长途穿越德文岛的荒野。此外，从大本营进行短途旅行的个人全地形车辆也已经被用上。

进入第20季，HMP的实地活动现在包括国际科学家团队。李说，随着未来人类到火星计划的继续推进，从德文岛获得的经验将是无价的。"我认为德文岛是宇航员前往火星的训练基地，"李说，"它将成为登陆那颗红色星球的宇航员做好准备的重要一站，如果不是最后一站的话。"

在加拿大努纳武特的德文岛上的极地沙漠–霍顿陨石坑，是地球上仅有类似火星的一个陨石坑。国际跨学科领域研究项目的研究人员在那里研究了宇航服、机器人和地质取样。

火星风格家园

人类在火星上永久定居的设想依赖于居民可种植植物和生产食物。温室需要提供氧气和水，以及充足的阳光和温度控制。

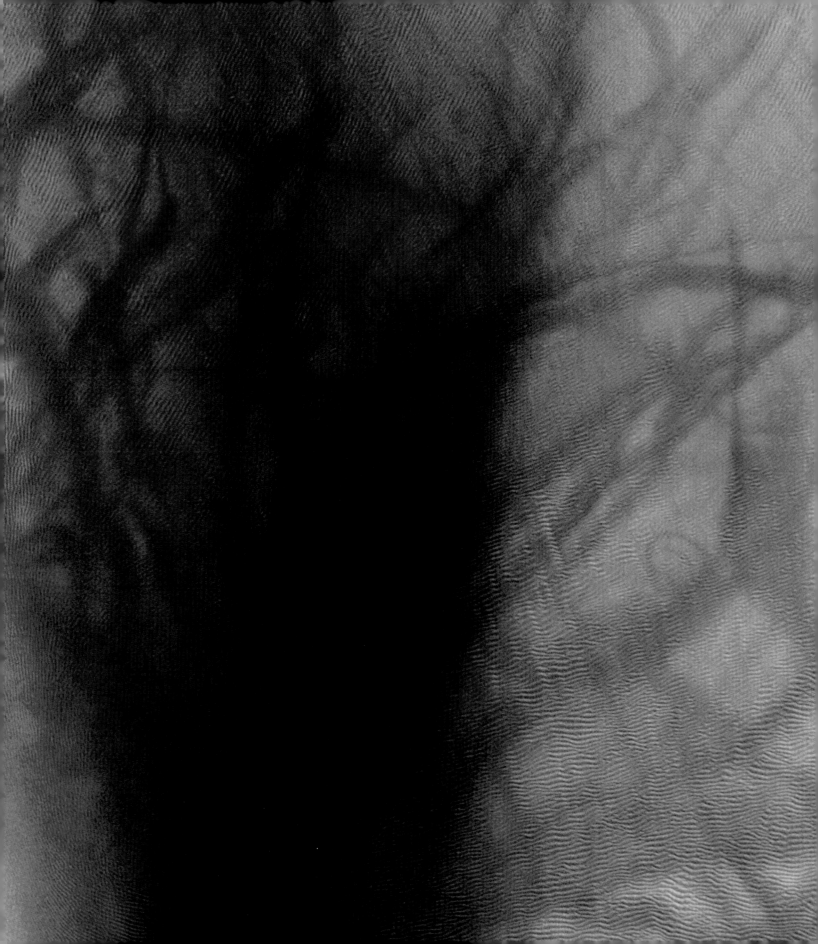

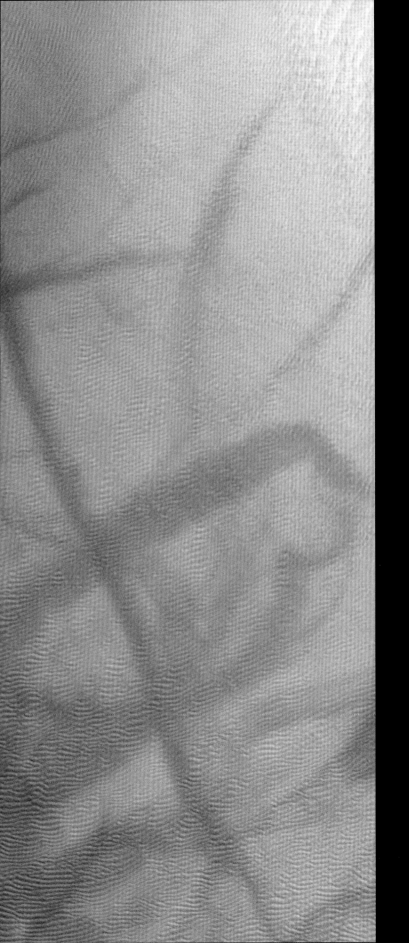

可怕的尘埃

在火星的一些区域，黑暗的线条纵横交错，那是尘埃的轨迹（左图）。这些旋流带走了星球表面的浅色尘埃，暴露出下面深色的岩石物质。HIRISE，一个轨道摄像机，在2012年拍下了一个特别严重的尘暴（下图）。

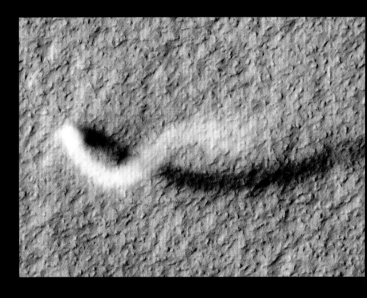

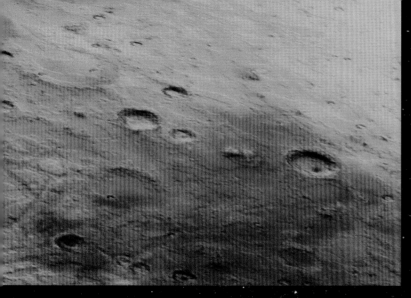

每一项火星计划的核心都是这样一个问题：火星上存在或者曾经存在过生命吗？

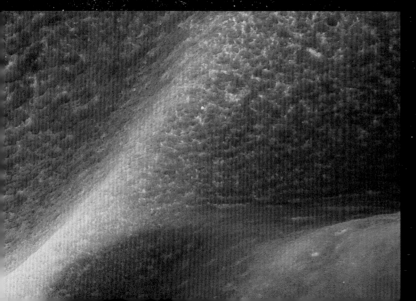

生命的迹象

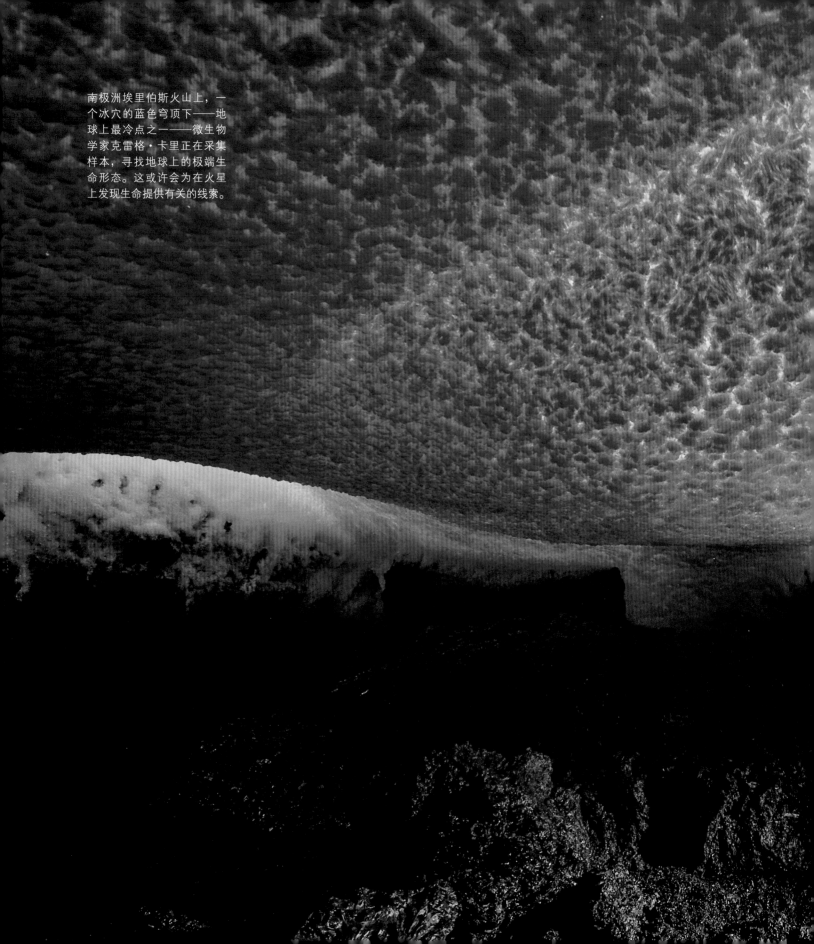

南极洲埃里伯斯火山上，一个冰穴的蓝色穹顶下——地球上最冷点之一——微生物学家克雷格·卡里正在采集样本，寻找地球上的极端生命形态。这或许会为在火星上发现生命提供有关的线索。

4

生命的迹象

自美国的海盗1号（Viking 1）和海盗2号（Viking 2）着陆器登陆火星，至今已历时40年，它们被送去探查火星生命的前景，是灭绝还是存世。多年的数据解读和26次生命搜寻实验之后，这些先驱机器人似乎已经做出了回应："你能重复一下这个问题吗？"尽管参与海盗计划（Viking project）的大多数研究人员相信它报告了火星上无法探测到生命，但这个判断并非没有异议，探索还在继续。数十年以后，由多国承担的几十亿美元资金耗费在了火星飞船上，但对这颗行星过往或现存生命的调查依然持续——即使火星上的生命早已逝去，甚至根本就没有存在过。

自经由海盗号任务登陆火星的第一批机器人起，"先进的火星科学探索进入高潮，持续调查气候历史、过往生命记录的可能性，以及持续关注这颗行星的宜居性"。NASA戈达德太空飞行中心的首席科学家兼火星科学实验室好奇号火星车科学团队成员詹姆斯·加文说道。"这颗红色行星是世界上最重要的科学前沿之一，且援引了有机分子的最新发现和痕量气体甲烷的变化，以及令人信服的火星地质历史，其中涉及水的关键作用和沉积体系。"加文补充道。

接下来的火星探测计划即将到来，加文说，今后的任务会越来越复杂。"机器人任务将为21世纪20年代通向一个新时代的过渡铺平道路，届时，为载人探索所做的准备将随着NASA持续到21世纪30年代的火星之旅而兴起。"

NASA的下一辆核动力火星车于2020年发射，它将与好奇号火星车一道，去扫描因地质多样性而被选定的地形，寻找过往生命的迹象，收集火星生命样本，以便最终将其运回地球——这是一项耗资巨大且颇具争议的任务。尽管地球作为火星生命样本接收端的风险被认为是极低的，却并非为零。运回火星生命样本很可能意味着要应对生物学上的"烫手山芋"，更不必提还有关于火星爬虫吞噬地球生物圈

有哪一种生物能够忍受火星上的恶劣环境呢？德国航空航天中心（German Aerospace Center）的科学家们测试了一种原始的地球生命形态——蓝细菌，使其经受辐射、低压、极端温度及其他压力——它存活了下来。

能源

自第一批队员登陆火星以来，4年过去了，他们冲破重重困难，建起了一座定居点。即便谦逊点说，这也是一座稳固的前哨，它使第一批人类得以居住在火星上。这处定居点计划稳定地扩张，且一支由超级明星科学家组成的团队已经被派去确保在最后期限前完成工作。扩张的时间表比预期要快，不过，一场火星尘暴盘旋于脆弱的定居点上空，进程有延迟的危险。

的激烈言辞和公众担忧了，就像迈克尔·克莱顿的《仙女座菌株》中所描述的灾难一样。

探险者们甚至需要当心他们从外面带进火星住所的东西。考虑到阿波罗月球行走者的遭遇：在月球上昂首阔步并返回他们的登月舱后，阿波罗的机组人员注意到他们带着月球尘埃颗粒进入了住所。在脱去头盔的时候，有些人把闻到的气味比作壁炉里的潮湿灰烬。"我能说的是，对这种气味，所有人的瞬间印象就是用过的火药味。"绰号"杰克"的阿波罗17号宇航员哈里森·施米特回忆道，他曾于1972年12月在月球表面行走过。因此对21世纪的宇航员来说，在火星上调整脚步和嗅觉是设计居住地及确立居住习惯时要权衡的因素。

高氯酸盐难题

火星抛给未来探险者的另一项挑战是有毒的高氯酸盐，它们遍布于这颗红色行星之上。这厚厚的一层化学物质会增加火星存在微生物的可能性，但它们也会危及探险队员的健康。作为干扰内分泌的化合物，这些盐是强力的甲状腺毒素。

高氯酸盐是NASA凤凰号着陆器于2008年5月在火星北极土壤中首先探测到的反应性化学物质。最近，好奇号火星车在盖尔环形山中也探测到了高氯酸盐，该火星区域是好奇号2012年8月登陆的地方。图森市亚利桑那大学的凤凰号项目负责人彼得·史密斯解释说，发现高氯酸盐是一个意料之外的结果。"高氯酸盐在英语中并非一个常用词汇。我们都不是化学家，必须去查阅一下。"他坦承道。

　　地球上的微生物利用高氯酸盐作为能量来源，史密斯说道。它们实际上以高度氧化的氯为食，在把氯还原成氯化物的过程中，它们会利用转换中的能量为自身提供动力。事实上，当饮用水中含有过量的高氯酸盐时，就会用微生物来清理它。更重要的是，在火星上看到的季节性流动或许就是由高浓度的高氯酸盐水引发的，因为高氯酸盐有很强的吸水性且可以大幅度降低水的凝固点。

　　在火星上发现高氯酸盐具有两面性。

　　一方面，它们对人类是有毒的。火星行走者们会发现，尘埃颗粒粘上装备表层是难以避免的，因此高氯酸盐可能会趁机进入住所。充满高氯酸盐的火星尘卷风无疑也是极其危险的。

　　另一方面，高氯酸盐是烟火工业中关键的化学成分，而且高氯酸铵是固体火箭燃料的一种成分。因此，开采的高氯酸盐可能成为一种当地资源，为火星上甚至是离开火星的旅行提供燃料。一些研究者提倡用一种生物化学的方法除去火星土壤中的高氯酸盐，这样能够获得供人类消耗及燃料使用的氧气，而且是一种廉价和环保的方法。

　　人们的普遍共识是，我们的确需要担心火星上的高氯酸盐，但它们并非一个无法克服的难题。"目前对火星上高氯酸盐/氯酸盐的观点是，它们可能遍及全球。"NASA约翰逊空间中心天体材料研究与探索科学理事会的科学家道格·阿彻说。火星上可能存在高氯酸盐含量较低的区域，也可能有含量较高的区域。多年来，高氯酸盐被用作治疗甲状腺功能亢进的药物，"所以我们对人类接触高氯酸盐有相当多的了解，"阿彻继续道，"只要你服用碘补充剂，在少量摄入高氯酸盐的情况下似乎并没有任何毒害效应。"

　　阿彻相信，事实上，遍布火星的高氯酸盐层是有助于人类探索的。高氯酸盐是一种非常有效的干燥剂（也就是说，它对水有高亲合性），因此通过处理高氯酸盐来释放其中的水在技术上是可行的。此外，高温加热高氯酸盐会使其分解并释放氧气，这是火星上船员们容易获取的必需品。

　　总的来说，在这颗红色行星上，对生命的寻找以及对其进行生命探索时高氯酸盐是一个复杂的因素。

关于微生物的问题

发现火星生命绝非易事，约翰·拉梅尔解释道，他是SETI（地外文明探索）研究所的一位资深科学家，也是一名前NASA行星保护官员。将地球生命隔绝于火星之外也是一项艰巨的任务。"目前，我们估计在一艘并非以寻找生命为目标的无人飞船上，有多达3亿个活着的地球微生物将被发射到火星上……也许整艘宇宙飞船上有3万个微生物试图去干扰生命探测。"拉梅尔强调。这些微生物大多无法在飞往火星的旅途中幸存下来，他说道，也许其中99%在着陆后一两天就会被恶劣的火星紫外辐射消灭掉。

不过，有些会幸存下来——而这只是一项无人任务的情况。"与之形成对比的是，一名人类探险者携带的微生物——大约30万亿个非人微生物细胞——它们全都将在前往火星的旅行中毫发无损地生存下来。对于可能本就在那里的微生物来说，这样一份长长的乘客名单使得发现火星生命的任务变得复杂起来。"拉梅尔解释说。

科学家们正在编写预防措施，以防侵犯火星上的任何生命。由于火星上人类的存在，他们会将地球生命带到这颗红色行星上的某些地方吗？在那里，它们有可能繁衍，而这或许会污染我们正在寻找的火星上的生命迹象。反之，如果发现了本土的火星微生物，穿着太空服的背包客们会面临危险吗？

"生命是否曾在火星上发源且可能已经灭绝，我认为这一问题仍然是原动力。"威廉·哈特曼说。他是图森市行星科学研究所的一位资深科学家及长期火星研究者，也是美国水手9号火星轨道飞行器的一名研究员，这架飞行器在1972年首次绘制了这颗红色行星的地图。"我们地球的生命形态在宇宙中是否独一无二的，"哈特曼暗示，"要回答这个问题，接下来要做的就是在火星上寻找生命。"对于哈特曼来说，关键是去追踪水，尤其是水的历史以及它在数百万年来火星气候中所扮演的角色。"这很困难，因为火星表面经过紫外线杀菌且大多数地方非常干燥，"哈特曼解释道，"因此，如果我们要了解火星上水和冰的历史和现代角色及其存在状况，我们就必须应对地下操作。正如我们自海盗号时代所知的那样，肯定有大量的地下冰沉积，"哈特曼解释说，"一个核心问题可能是，火星上是否存在着连通的地下含水层，微生物在那里可以存活，并随着行星的演化，从一个地热区转移到另一个。"

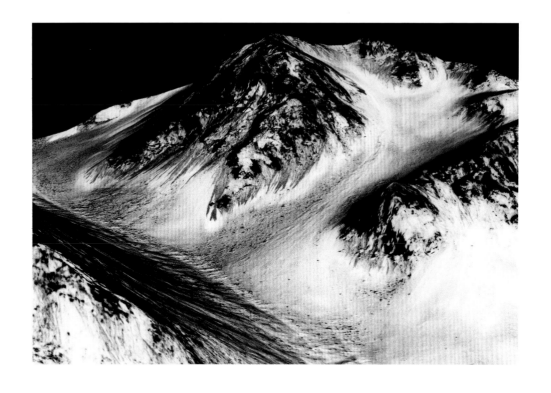

在火星的盖尔环形山，轨道相机已经揭示出暗条纹（或者RSL——季节性斜坡纹线）的存在，这表明正在发生季节性的水流。一台轨道光谱仪已经探测到水合盐：液态盐水沿环形山流下，延伸达一个足球场的长度。

探索地下世界

我们对火星的了解越多，专家们也就越认为他们是在寻找火星上存在水的证据。"由于地形和地表地质条件的限制，火星上最令人迷惑且最难理解的特征有一些是存在于火星车和着陆器不易接近去调查的区域。"威廉与玛丽学院的乔尔·莱文说。举例来说，他指出，偏僻之地包括强地壳磁性的区域、大气甲烷产生和排放的地区，以及显示出瞬变、短期流水存在的多座环形山的山壁。对于火星上的流水来说，激动人心的证据来自佐治亚理工学院卢金德拉·欧嘉领导的工作。一组专家利用火星勘测轨道飞行器搭载的仪器：高分辨率成像科学实验相机以及火星专用小型侦察影像频谱仪，这台火星轨道装置记录了标记为季节性斜坡纹线的特征。

在温度超过零下10华氏度（零下23.3摄氏度）的温暖季节，RSL形成并蜿蜒流下陡坡。在一个火星年中较冷的时候，它们会消失。火星勘测轨道飞行器有识别斜坡上矿物的技术，而飞行器拍下的图片显示斜坡上就交错着这些令人不解的RSL。研究人员在直径特别宽的RSL中发现了不同种类的矿物特征。

然后，在火星年的另一个时间，也就是看不见RSL的时候，研究人员查看上试想一下，四名宇航员从火卫一福波斯表面撞见日出时的奇遇，或者从上方俯瞰火星时的激动。在人类历史上最勇敢的冒险中，从精神上进行探索的时刻，全世界将与他们同在。

——比尔·奈（行星学会首席执行官）

述RSL的位置，水合特征消失了。

某些东西在水合这些盐，欧嘉说。此外，这些可见条纹似乎随季节变化来来去去。他认为："这意味着火星上的水是盐水而非纯水。这是讲得通的，因为盐降低了水的凝固点。即使RSL少量位于地下，那里比地表温度更冷，盐还是会使水保持液态，并使它在火星斜坡上滑落。"

研究人员现在认为，这些矿物特征是由高氯酸盐引起的——发现高氯酸盐的位置与早前火星着陆器探索的地方是完全不同的区域。这是第一次从轨道上识别出高氯酸盐，且更引人注目的是，这是首次从观测上明确支持了火星上存在液态水的假设，这些液态水形成了RSL与众不同的溪流模式。

哪里有水……

解析火星表面是否存在液态水，这不仅是理解火星水循环的关键，也是寻找这颗红色行星上现存生命的一个必要因素。欧嘉和他的同事们警告说，虽然火星表面附近存在短暂的湿润环境，但高氯酸盐溶液中的水活度可能过低而不足以支撑已知生命——至少我们所了解的地球生命形态是这样的。

乔治亚理工学院的行星科学家詹姆斯·雷希望有一项火星任务能与这些诱人的特征零距离接触。"就我个人而言，我认为在它们附近着陆……然后驶近到足以成像的距离上，但不能触碰，我们就可以从中了解到很多关于RSL的信息。"他说。

这将是观测它们活动的最佳方式，雷补充道：从火星轨道上，没有办法观察到一个给定RSL时复一时、日复一日的演化。"我们在地面上则可以很容易做到这一点，即使是借由一台固定的着陆器。"他指出。很快，科学家们渴望进一步了解RSL的化学和有机成分信息，而要使这些问题真正地"接触科学"，或许可以利用一台无菌探测器来实现。

同样，科罗拉多州博尔德西南研究所的戴维·斯蒂尔曼认为，在RSL中寻找生命应该是最优先的选择。然而，他警告说，对于任何已知的生命形态来说，RSL可能都太咸了，以致生命体无法在那里呼吸，而这恰恰可以使交叉污染的影响降到最低，从而减轻行星保护方面的顾虑。但也许火星生命演化出了另一种方式，得以在这样的环境中生活，或者可能有生命存在于RSL源区的深处。

在其他研究中，斯蒂尔曼和同样隶属西南研究所的罗伯特·格里姆分析了火星庞大的水手号峡谷群中一个RSL所在地的季节性水量收支。他们的研究表明，该地由一片含水层来补给。

事实上，该团队估计，从这一地区释放的总水量相当于8~17个奥林匹克运动会标准游泳池的容积。斯蒂尔曼表示，每年要补给如此大量的水，唯一的方法就是借助于一片含水层。斯蒂尔曼和他的同事们指出，延伸到一片区域承压含水层的裂缝，就是到达火星表面的盐水的可能来源。此外，从水手号峡谷群内大量RSL——约50个地点——中失去的水，可能是每年大部分时间里大气水汽的一个重要区域来源，也许在这些地点的表面几英寸之内就有一片盐渍风化带。

火星上反复出现的斜坡线依然是真正迷人的特征，它们很可能就是寻找生命的最佳地方。"比以往任何时候都多的RSL，存在于一片更大地理区域的263个地点……而我们仍旧难以解释它们。"斯蒂尔曼总结道。

与此同时，回到地球上来

恶劣的环境，几乎没有水，还被强烈的紫外辐射所淹没：这是火星？不，这是智利的阿塔卡马沙漠，一个残酷的地方，在地下或岩石内发现有微生物群落。也是在这个地方，科学家们正在努力了解更多关于极端微生物的知识，这些生物繁衍于极端海拔、寒冷、黑暗、干燥、高温、矿化环境、压力、辐射和真空中——换句话说，关于火星上生命形态的可能性，这些生物有很多值得借鉴的地方。

最近，来自美国、智利、西班牙和法国的20多名科学家完成了为期一个月的阿塔卡马火星车天体生物学钻探研究（ARADS）。该计划的一部分由NASA艾姆斯研究中心牵头，为生活在阿塔卡马盐渍环境内的极端微生物实验室研究收集样本。这些独特、坚韧的微生物应该能改善生命探测技术及其在火星上实施的策略。在接下来的4年里，ARADS计划回到阿塔卡马，为在火星上寻找生命证据而演示完整的漫游、钻探和生命探测技术的可行性。

在人类踏足这颗红色行星之前，ARADS能够帮助宇航员磨炼诸多专业技能，包括识别火星上当前或古代生命的高概率位置，放置钻头，以及控制机器人运行。

水的价值

火星上有大量的水确实增加了火星生物繁衍的可能性，同时火星上的可用水也是人类在这颗行星上长期驻扎的基础。这两种观点是可以调和的，还是相互冲突的呢？

一些人假设火星和地球上的生命形态是遥远的古代表亲。这一观点即有生源说。该理论认为，来自火星的微生物搭乘陨星漂流到地球，在这里播种生命，这

是混乱的行星形成过程的一个结果。如果是这样的话，本质上，我们都是火星人。这一观点无论对错——或是介乎两者之间——事实上，借由我们通向火星的道路，人类可以完成一次生物学上的往返旅程。

　　但更有可能的是，即使火星和地球上的生命形态在几亿年前是一样的，它们现如今也已经截然不同了。很多人认为，我们需要维持这种状态。"地球生命需要水来生存，很可能火星生命也是如此……如果它存在的话。"NASA现任行星保护官员凯瑟琳·康莉说道，"这意味着，了解我们在火星上接触的任何水源中火星存在生命的可能性是非常重要的。此外，这也是为了保护宇航员的健康。我们不知道火星生命是否会对我们造成伤害，所以在我们知道更多有意义的事情之前一定要小心。"她继续说道，"人们所知道的是，将地球生命引入火星，可能会触动未来人类在这颗行星上的利益。"

　　"人们在野营时会烧开水，因为微生物污染使得地球上的水源往往不利于饮用。火星上被污染的含水层会给缓解污染的能源和设备增加额外的负担，而这将提高人类活动的成本和风险。"康莉说，"幸运的是，我们知道如何杀死地球生物，所以解决方案非常简单。为保护可能孕育地球生命的水源地，到达那里时要对设备表面进行灭菌。"

　　"从空间探索之初，保护火星的重点就是，我们应该尽早仔细搜寻火星生命，然后基于我们迄今收集到的最佳科学信息，决定下一步该做什么。"康莉说。回顾海盗号飞船时代，她指出，在研究人员理解火星环境之前，这些着陆器起飞前

火星上两个不同区域的岩层标示着不同的环境。由机遇号火星车研究的坚忍环形山的"沃普梅（Wopmay）"岩（左图）暗示了一个含有高酸性和高盐度水的古代环境，这不利于生命的存在。另外，好奇号火星车造访的黄刀湾的"羊床（Sheepbed）"岩（右图）显示了在古代宜居环境中的水下细颗粒沉积物。

就被仔细地清洁和灭菌，以避免将地球生命引入火星。

"海盗号计划团队也明白，在火星上发现生命是很容易的……带着它们一起来就行了！找到火星生命才是挑战。"康莉说，当然也找不到搭顺风车的地球微生物。"海盗号的数据似乎表明了火星的寒冷、干燥和死寂，此后我们放松了对火星的要求，允许每艘宇宙飞船有50万个耐热微生物在火星上着陆。"

然而到了最近，自从火星轨道飞行器观测到可能的水流后，该行业对地球微生物污染火星这种事就更加小心了。国际公认的特别保护区概念已经付诸行动，驶往这些地方的宇宙飞船必须按海盗号标准清洁。"海盗号40年前所做的，是我们今天保护火星上任何地方所能达到的最高水准。"康莉解释道。海盗号飞船利用加热灭菌，但还有其他成熟的方法，诸如汽化过氧化氢、气体等离子体以及各种各样的辐射。

"像抗菌涂料这样的新方法也有帮助，"康莉补充道，"这是技术发展的一个重要领域。如果有人提出了一个聪明的解决方案，也可以为地球上目前无法获得清洁饮用水的人群改善生活。"

变绿

保持火星探测队员健康和快乐而制订的长期计划必须包括种植植物、循环利用居住地的空气和水，以及提供新鲜的食品来源。资深营养专家兼营养生化管理师斯科特·史密斯领导的一项研究报告称，要想在火星上种植农作物来维持队员们的生活，而不仅仅是作为地球食物的补充，这种方法仍有"很长的路要走"。

宇航员们已经开始在太空中收获食物。最近，国际空间站上的宇航员在一个可展开的植物生长系统中种植了各种各样的红色长叶莴苣，该系统提供光照和养分，不过，这需要依赖于空间站的温度控制和二氧化碳环境。

雷·惠勒是肯尼迪空间中心探索研究与技术项目中先进生命支持研究活动的负责人，他说，一旦空间种植的沙拉作物得到完善，下一批就轮到马铃薯、小麦和大豆了——它们与沙拉作物一道，能够提供更加全面的饮食。

最近在火星上发现的水并不一定会使种植食物变得更容易，罗布·米勒说，

灾难

有害的生命形态｜未知的微生物也许以一种假死的状态存在于火星上，然后它们被我们带来的水或热量赋予了生命，它们有可能侵袭我们的身体。即使它们不威胁我们的健康，也会搞乱我们的生命维持设备。

那会出什么问题呢？

他是肯尼迪空间中心同一探索研究与技术项目的高级技术专家。从RSL中提取的火星水含有盐分，需要处理以去除高氯酸盐和其他杂质。这颗红色行星接收到的阳光只有地球接收到的阳光的43%，而且它的一些区域永远接收不到足以维持植物生长的光照。任何温室都必须能够保护生长于其中的植物免受强烈辐射和极端变温的影响。

考虑到这些挑战，雷·惠勒提出了一项未来方案：我们也许能输送水、水泵和肥料盐到火星去，并在一个受保护的环境中水培种植植物。使用高强度LED灯帮助促进植物生长。从长远来看，随着生长系统的增加，火星土壤可能会得到处理和利用。

荷兰瓦赫宁恩大学研究中心的植物生态学家维格·瓦梅林克认为，火星土壤可以供来访的人类种植食物。在最近的一次预实验中，他在由夏威夷火山土壤制成的模拟火星土壤中栽培了14种植物。令瓦梅林克吃惊的是，这些植物生长得很好。有些甚至开花了。"我原以为会有发芽过程，但这些植物将因缺乏养分而死亡。"他说。土壤分析表明，火星土壤含有比预期更多的养分：不仅有磷和氧化铁，还有一种植物生长必不可少的养分——氮。

随着时间的推移，火星将会逐渐达到可供人类生活的标准。火星是一个充满惊奇的世界。不过，我们坚信，终有一天，"火星上的生命"会包括人类及其种植的植物。

水晶洞穴

2000 年才发现的这个令人惊叹的洞穴位于墨西哥奇瓦瓦沙漠的奈卡山深处，它养育着极端的病毒和细菌形态，这些居住于地球的生命形态暗示着火星上可能找到的生物。在这些亚硒酸盐柱——一种结晶类石膏——之内，湿度高达90%，而温度可以达到118华氏度。

冰芯

研究人员在南极洲埃里伯斯山的一处冰塔壁中钻孔，希望这里的冰芯含有古老菌种或其他微生物，它们从一座火山深处升起，并冻结在冰塔中——这些生命形态也许预示着我们将在火星找到生命。

英雄｜佩内洛普·波士顿

NASA 天体生物学研究所（NAI）主任

根据天体生物学家兼洞穴学家佩内洛普·波士顿的说法，在火星上找出生命的概率可能会随着高度的下降——进入深层地下洞穴——而上升。考虑到这颗行星的环境，在上面发现生命迹象的前景看起来明显令人沮丧：它的极寒和稀薄的大气；它红色的表面有很强的腐蚀性和氧化性；它被银河宇宙辐射和太阳风暴猛烈袭击。这颗行星综合了一堆不利条件。

"要有勇气。"波士顿说，她也是一位热衷于洞穴探险的著名地质学家。"如果我们只是想围绕着火星表面浅尝辄止，我们将永远找不到生命，"她说，"环境太艰难了……而且已经艰难太久了，这必定抑制了微生物。"波士顿说，如果我们进入这颗行星的自然洞穴，是存在这种可能性的——其中的特征可能会保存着来自火星早期甚至更近些时候的生物和气候记录。"地下环境很擅长保存，"她说，"我们有理由期待在火星上，预计地下物质受风化作用的影响要远小于我们如今所痴迷的表面物质。"

能沿墙壁行走并爬行于洞穴顶部的附着机器人正处于设计和测试阶段。有人认为火星上的熔岩管道可能成为天然的不动产，是转化为"人类可用"空间的理想选择。"我是人类最终探索火星的重要倡导者，"这位天体生物学家解释道，"有一些方法可以解决行星保护的问题，比如地带的概念。在我们的洞穴工作中，我们有舍弃的地带。在那里，你可以进行人工作业，但要通过不同的方案控制污染量。"

现在，我们准备好要行动了吗？"不，我们需要开发这些方法，并以一种更严格的方式在地球上测试它们。"波士顿说。她认为人类在火星上长期生存是有保证的。"我的确认为，成为多行星物种是我们命运的一部分。如果我们不继续前进，那么到某些可怕的事情发生时，我们就还是单行星物种，于是我们就玩完了。"从长远来看，火星地球化的工作——改造火星表面和大气层以维持人类生存——"将由居住在火星上的人来完成，"波士顿预言道，"你不可能在地球上搞定一切，然后将地球化组件成套运到火星上。这很有可能是前往并选择一直在那里生活的人类的自然发展结果。从道德上和政治上来说，地球化应该是那些有着切身利益的人——永久居住在那里的人——所做的决定。"

在墨西哥怪异的比利亚·卢斯洞穴（"光之屋洞穴"）的岩壁上，洞穴专家佩内洛普·波士顿在耐心地摆弄一团软泥，它被亲切地称为斯诺蒂特——这是一群微生物，在对人类和大多数其他地面生命形态有毒的环境中，它们以硫化氢为食繁衍生息。

隐藏的生命形态

极端微生物生活在地球上最
难以想象的地方，比如南极
冰下半英里的地方，在那里，
这类微生物重获新生。或许
在逝去的岁月里，火星上的
生命形态已经从行星表面撤
退到下面的冰洞里。

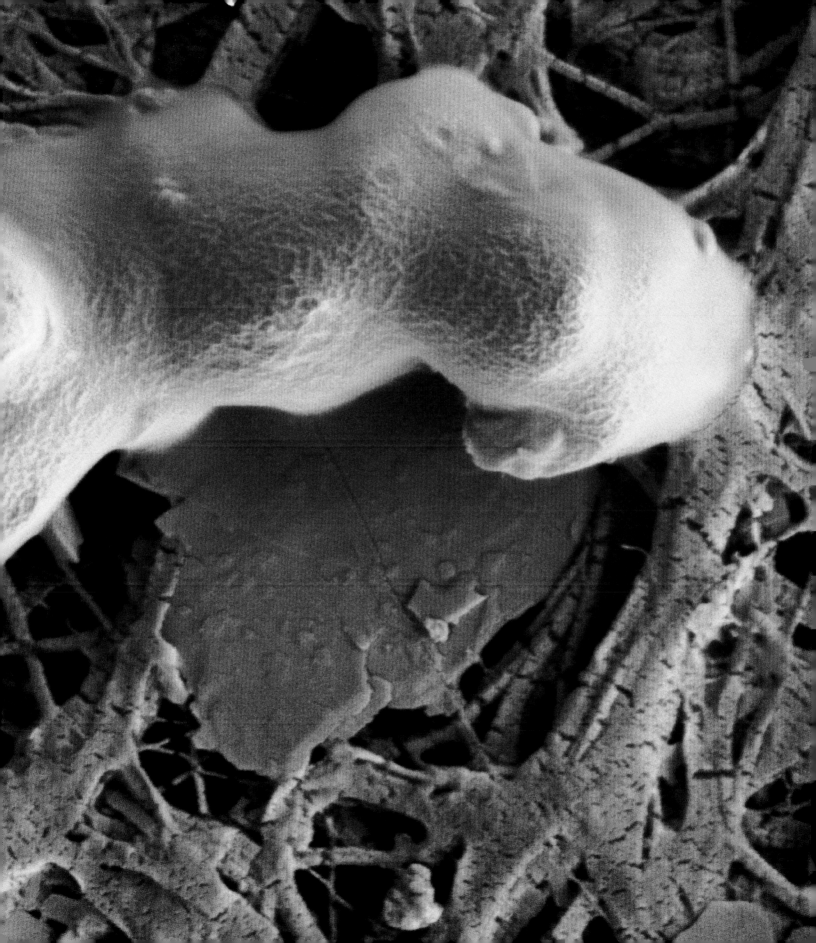

全面清洁

斯基亚帕雷利是欧洲空间局火星生命探测计划（ExoMars）的进入—下降—着陆模块。在2016年3月发射前夕进行最后的擦洗。发射前检查在地球上采集的样本是严格的行星保护协议的一部分，所有进入火星范围的运载工具都必须接受该协议。

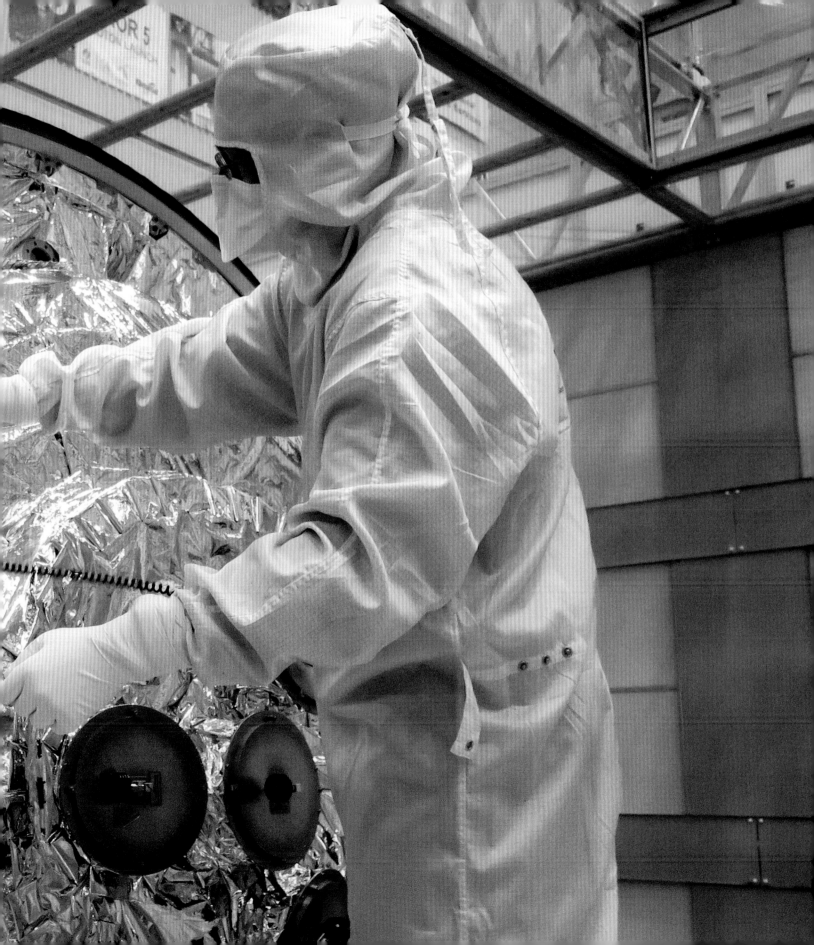

两种极端环境中的生命

也许地衣——一种由真菌、藻类或蓝藻结合而成的坚韧生命形态——可以存在于火星上。这种硫黄色的生物在极地的极端环境中繁衍，并且通过了一项火星模拟实验。黄石国家公园著名的大棱镜热泉（下页）中的嗜热微生物——喜爱高温的微生物——可能也掌握着火星生命形态的线索。

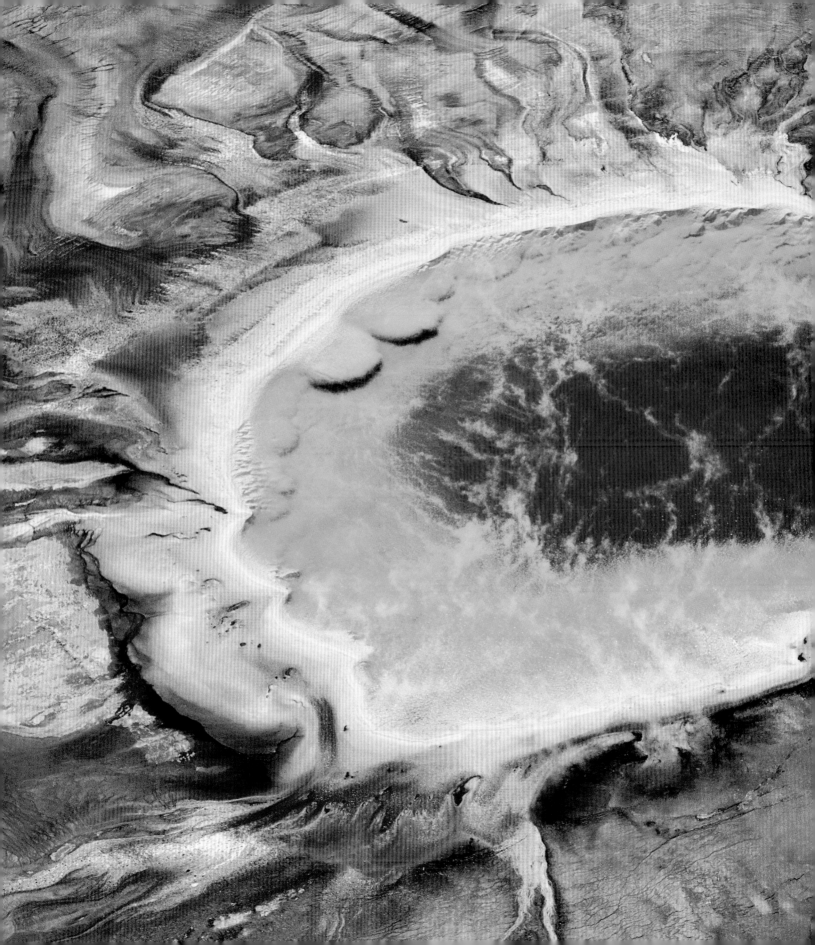

推动生命的定义

这只林蛙（Lithobates sylvaticus，左图）经受过反复冻结，它的内脏确实阻止了寒冷。这只缓步动物（下图）是一种八足微型动物，显示出隐生状态，也就是说，为应对高温、寒冷、大气压力和辐射水平的极端情况，它可以干枯或冻结。随着我们对这种地球生物的了解越来越多，我们也许同样正在累积关于火星生命的知识。

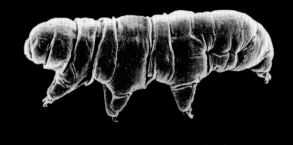

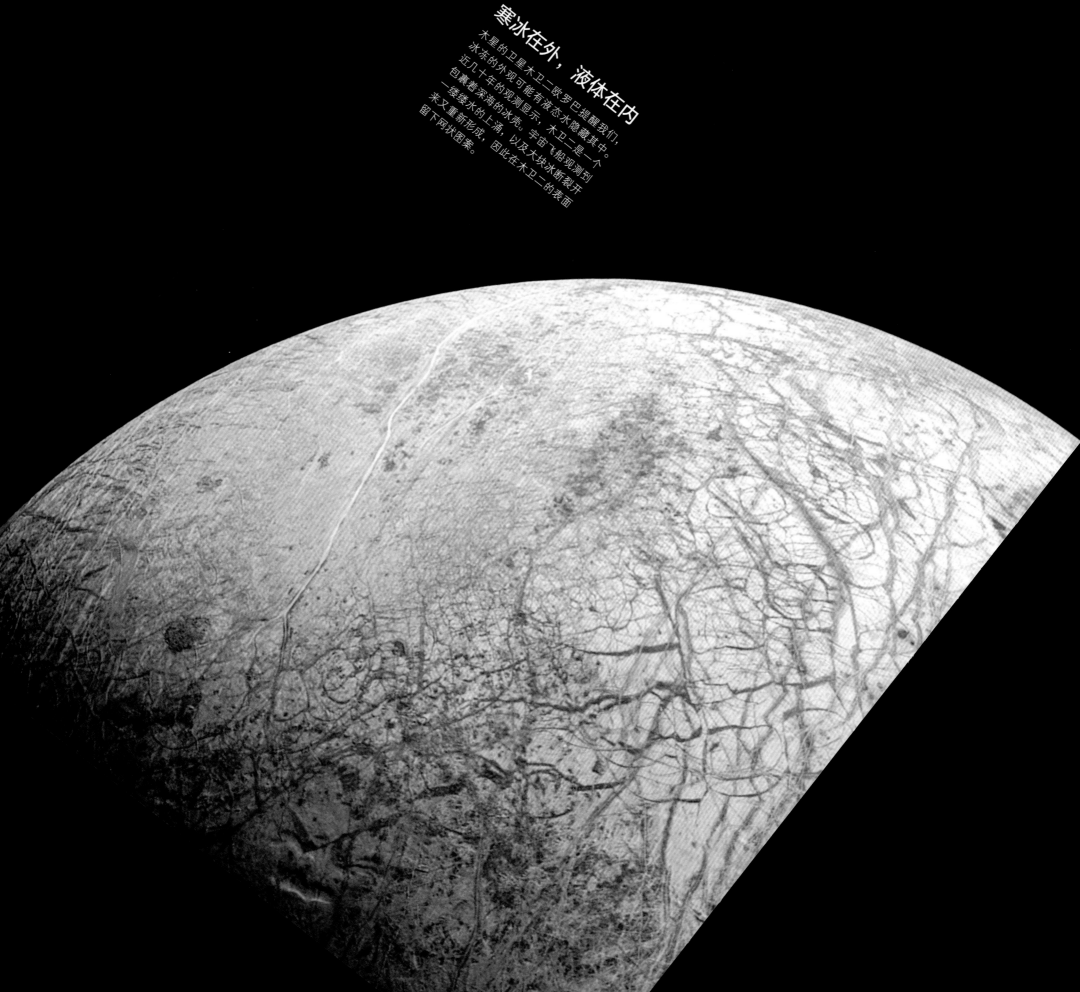

寒冰在外，液体在内

木星的卫星木卫二欧罗巴提醒我们，
冰冻的外观可能有液态水隐藏其中。
近几十年的观测显示，木卫二是一个
包裹着深海的冰壳。宇宙飞船观测到
一缕缕水的上涌，以及大块冰断裂开
来又重新形成，因此在木卫二的表面
留下网状图案。

练习自给自足

在准备火星一号计划的过程中,研究人员使用模拟的火星土壤,成功种植了番茄(下图)。与此同时,在类似的限制条件下,居住在犹他州火星荒漠研究站的定居者们种植了瑞士甜菜(右图)。所有这类试验菜园都受到严密的监控,以了解在火星住所里,植物需要多少光、水和土壤养分才能茁壮成长。

英雄 | 昵称"凯茜"的凯瑟琳·康莉

NASA行星保护办公室行星保护官员

作为NASA的行星保护官员究竟有多艰辛呢？"有点像当警官，"凯瑟琳·康莉回应道，"或者是幼儿园老师。"

大多数人都非常乐意遵守国际共识规则，康莉说，因为他们明白，这些规则是有道理的，并且会保护每个人的未来。"然而，不管出于什么原因，总有少数人不愿意去遵守它们，就像你大学宿舍里喝牛奶时洒出来的家伙一样。"

对太阳系负责任的探索意味着保护科学、保护要探索的环境，以及保护地球。行星保护办公室的信条是，"所有行星，所有时间"。这是一项艰巨的任务，目标数不胜数；其中包括，在其他世界处于其自然状态的同时，维持我们研究它们的能力；避免被探索环境的生物污染，如果有生命存在的话，这可能会掩盖在别处我们发现生命的能力；假如其他地方的确存在生命，确保谨慎的预防措施，以保护地球的生物圈。最终的目标是支持对太阳系化学演化和生命起源的科学研究。"我们从地球上的入侵物种就可以知道，一旦生命被引入，就很难再摆脱它。"康莉说。当人们不遵守规则时，是令人沮丧的，她补充道，因为一个人或一个项目的行为很容易就给其他人招惹麻烦。

康莉的工作涉及任务发展的许多方面，包括协助建造无菌——或低生物负荷——的宇宙飞船。她还参与了保护人们感兴趣行星的飞行计划的制订。此外，还有一项任务是守护地球免遭送回的地外样本的污染。

火星探索需要分阶段进行。"初期就要小心，"康莉警告说，"随后则要利用获得的知识来调整约束条件。"人类对火星有很多兴趣，而了解潜在的危险是所有这一切的基础。地球污染引入得越多，搜寻火星生命也就变得越困难。如果引入不受欢迎的地球入侵物种，那么未来对这颗红色行星的移民将会受到挑战，康莉指出："如果你要去某个地方寻找生命，不要在你有机会找到它之前就向那里扔垃圾或样本。"

康莉指出，在2003年，担任一名行星保护官员被《大众科学》杂志评选为"科学界最糟糕工作"的第17名——但必须得有人去做这件事。"但如果带回地球的样品出了任何问题，"康莉说，"全世界都将会责怪行星保护官员。"

丹佛的洛克希德·马丁空间系统公司，一名技术人员在检查洞察火星任务（利用地震探测、大地测量和热量输送进行内部探索）的关键部件，该任务预定研究火星的深层地质情况。他们为确保每一艘宇宙飞船的清洁和安全而做了多重努力。

瓶中火星

为了发现也许预示着在火星上能找到些什么的地球生命形态，德国航空航天中心的科学家们设计了一个盒子来模拟火星的极端环境：紫外辐射、红外辐射、土壤成分、低大气压、火星大气的混合气体和范围从零下50华氏度及更低的温度一直到70华氏度的温度。

欧洲人的着陆

欧洲空间局的火星生命探测
计划（ExoMars）2020任务
将把这辆火星车送到火星上
的一个地方，之所以选择该
地是因为它有可能会显露保
存完好的有机物，而这些有
机物或许会阐明这颗行星古
老的历史。

钻探生命

在火星上搜寻生命是通过反复钻探以分析这颗行星的化学组成来进行的。机遇号的仪器刮擦岩石，发现了棕红色的赤铁矿（下方左图），而好奇号的钻头则带出了蓝灰色的尾矿，它很可能是磁铁矿（下方右图），更有可能与生命共存。好奇号的仪器包括一个化学实验室，它能对钻探样本（右图）进行全面分析。

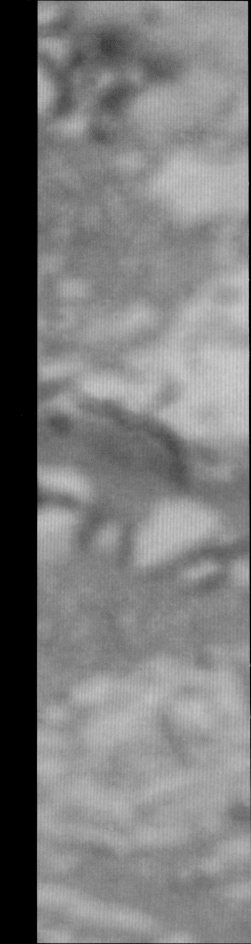

英雄 | 克里斯·麦凯

NASA艾姆斯研究中心空间科学部行星科学家

自第一批美国火星着陆器——海盗1号和海盗2号——缓缓降落在这颗红色行星的神秘世界中已过去了40年。20世纪70年代的这些先驱机器人任务旨在探索一个问题：火星上有生命吗？40多年后的今天，这个问题仍然比以往任何时候都更加急迫需要解决。

对于行星科学家克里斯·麦凯来说，寻找答案是一项长期的探索。麦凯在研究火星的过程中，真的去过地球的尽头。他长途跋涉，穿过了南极干谷、西伯利亚、加拿大北极，以及阿塔卡马、纳米布和撒哈拉等沙漠——所有的旅行都是为了研究类似火星环境下的生命。考虑到他的研究，麦凯的口头禅是，"钻吧，宝贝，钻吧"。他说："如果不向地下钻探，在我看来，你还是别去为好。"

那么在火星上，我们应该去哪里寻找生命呢？麦凯的列表很短："所有我想去的地方都在地下。"在他倾向的三个地点中，第一个是2008年5月25日NASA的凤凰号着陆器在火星低洼的北部平原上的着陆点，我们知道那里的冰非常接近地表。"在那里钻孔，向下一米，"他说，"你就能触及也许在几百万年前曾融化过的东西。"

第二个点是好奇号火星车之前探索过的地方。麦凯说，该地区没有得到应有的重视。"黄刀湾。在两个钻探点，我们向下钻了两厘米。我们穿过了泥岩，接触到灰色的火星——在表面的红色覆盖层之下，"他解释道，"据我们所知，这是35亿年前堆积在湖底的沉积物。我们需要到达远低于表面的地下，这样我们就能看到那些远离辐射的东西……比方说五米深。"

火星的古代高地在麦凯的列表上排第三，这是一个有着极强磁场的地方。"有磁场的地方非常非常古老……比我们所看到的火星上任何其他东西都要古老，而且它们相对来说未受过打扰。在这样的地形上，你需要钻得极深，比如100米。"

至于人类在火星上的价值，与机器人相比，麦凯无疑最爱的是有血有肉的探索者。"我们有头脑，有眼睛，有脚，有手。在所有这些能力中，最难以通过远程和机械扩及火星的一项能力被证实是手……我们需要双手来收集岩石，需要双手来操作钻机。当你是这个领域的人类科学家时，你会完全认为这是理所当然的。"

克里斯·麦凯弯下腰凝视着融穿南极永久冰封霍尔湖表面的一个洞，在洞内，他和研究人员布置设备来观测一些现象，它们或许会增加我们对早期太阳系和生命起源的理解。

随季节流动

这里是科普莱特斯深谷，是水手号峡谷群的一部分。我们在这里及火星上其他一些地方通过近距离的观测发现了季节性斜坡纹线（RSL）。随着季节性的温度变化，山下的侵蚀线来来去去，这意味着它们含有液态水。这些观测结果和流水带来的希望激发了人们在火星上寻找生命的热情。

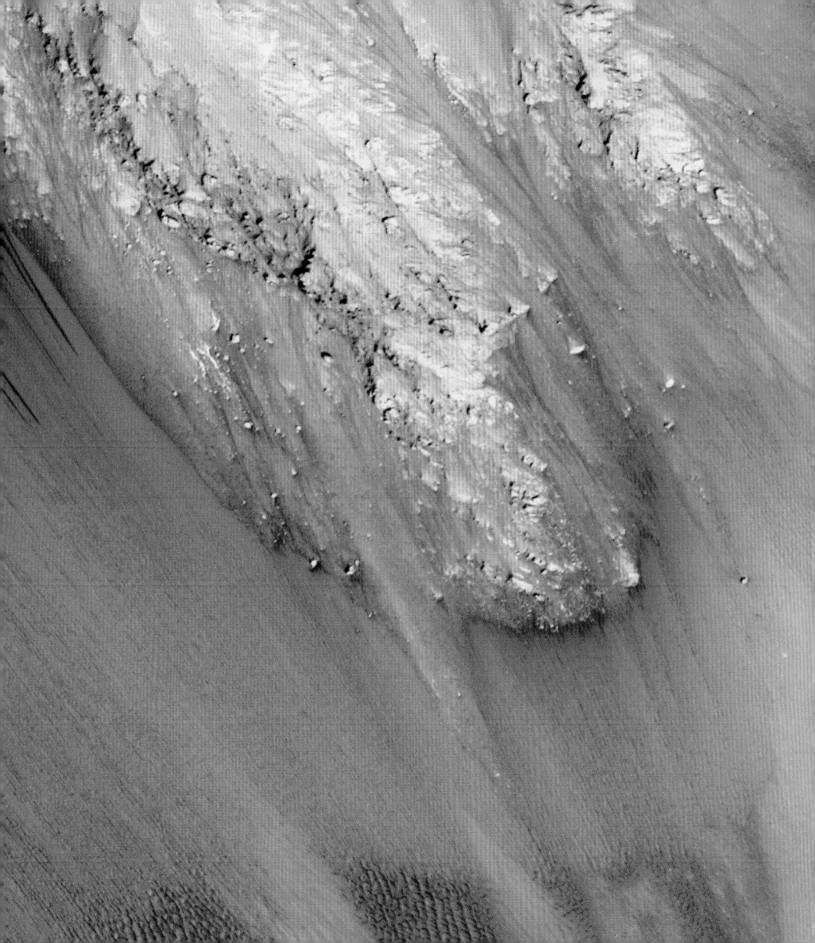

到达火星后，我们就变成了行星际种族。火星将成为我们超越国家和民族分歧的地方吗，抑或将成为人类白热化竞争的新战场？

全球
视野

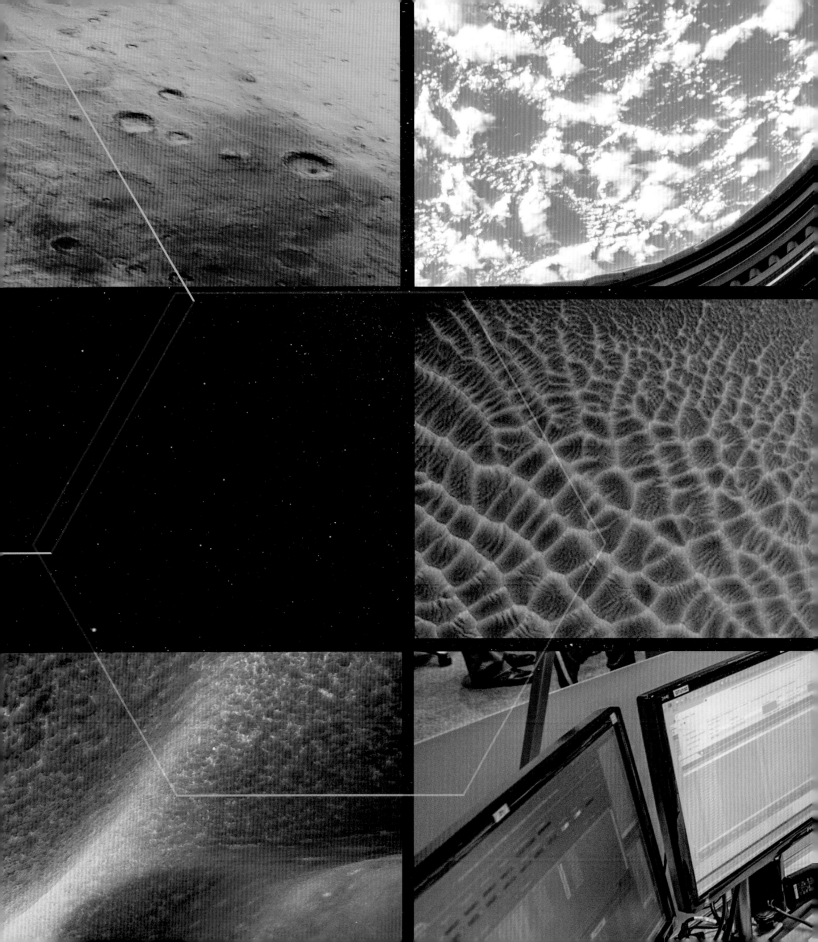

位于德国达姆施塔特的欧洲空间局（简称ESA）控制中心的工作人员正在跟踪已经成功发射的2016火星生命探测计划（ExoMars 2016）的进度，这一欧洲空间局和俄罗斯宇航局的联合项目向火星发射了一个痕量气体轨道飞行器和一个名叫"斯基亚帕雷利"的着陆器。

5

全球视野

全世界对抵达火星一睹美景的渴望与日俱增。20世纪60年代初的美苏太空竞赛已成往事，主导思想也不再是20世纪那种要抢占上风的理念。如今，有一批国家正在学着通力合作，共同开发抵达火星所需的技术。全世界很多国家，包括美国传统太空伙伴以外的一些国家，都在思考、谈论并致力于向火星发射航天器，并希望最终将人类送上火星。

例如，欧洲、俄罗斯、中国和印度之间，以及美国和其他国家的航天合作，很可能会形成合力，使着陆火星在经济上更为可行，在技术上也更加现实。同样令人兴奋的是，私营企业日益增长的热情也大大推动了人类火星之旅的进程。

如今，已经有一大批国家把目光投向了火星。

中国： 中国航天官员表示，计划最早在2020年将一辆探测车送往火星。目前展示的火星车小比例模型显示，中国的火星任务还将于2030年左右采集火星岩石和土壤样本并带回地球。中国已经制订了月球探测计划，并正在逐步实施无人探月计划，这可能会引领人类对月球的探索。中国成功发射长征五号火箭，以支持各种深空任务。

欧洲： 欧洲空间局（ESA）正在实施一项雄心勃勃的火星计划——ExoMars。该计划以2016年3月成功发射的痕量气体轨道飞行器和名为"斯基亚帕雷利"的进入、下降和着陆验证舱拉开序幕，它们于2016年10月抵达火星。ExoMars计划还包括一款于2020年发射的新型火星车，相关新技术的验证也将为20世纪20年代的火星采样返回任务铺平道路。这两项ExoMars任务都是在欧洲空间局和俄罗斯空间组织的合作下进行的。

印度： 2014年9月，印度的火星轨道飞行器任务"曼加里安号"进入火星轨道，这标志着印度首次成功迈入行星际空间领域。曼加里安号正在研究火星的特征

2010年8月，美国总统巴拉克·奥巴马在访问佛罗里达州卡纳维拉尔角时，由首席执行官埃隆·马斯克陪同参观了SpaceX公司的发射台并发表了重要的空间政策演讲，他盛赞"在佛罗里达州航空航天业工作的所有人"，称他们是"这个国家最有才华且训练有素的一批人"。

第5集

至暗时刻

尘暴已经持续几个月了，这个移民点的基础设施和居民的精神状态遭受了同样巨大的折磨。如果小镇的电力供应不足，居民们的生命就会陷入极度危险之中。在紧急修复故障后，这支队伍成功渡过了难关，但这次尘暴证实了火星对其早期居民们来说依然是一个充满了心理和生理双重危险的因素。

和大气，同时它也携带了探测火星甲烷——这是一种可能提供生命存在线索的气体——的科学仪器。它的成功也促使印度空间研究组织（ISRO）去考虑其他行星际飞行计划。NASA和ISRO火星工作小组正在建立美国和印度之间的合作关系。

日本：日本宇宙航空研究开发机构（JAXA）正考虑批准于21世纪20年代初着陆火星的两颗卫星——火卫一和火卫二——之一并采集样本带回地球进行深入分析的任务。日本的第一个火星探测器"希望号（Planet-B）"曾被送往火星轨道，但在2003年12月的任务中失败了，它如今成为一颗人造卫星，将永远绕着太阳的轨道运行。

阿拉伯联合酋长国（UAE）：伊斯兰世界也在进军空间探测领域，作为代表的是阿拉伯联合酋长国，他们计划发射一个火星轨道飞行器来探索这颗红色行星古今气候之间的联系。该探测器将于2021年抵达火星，并绘制第一张火星大气日变化和季节变化的全球图像。阿拉伯联合酋长国空间局最近还发布了一项面向阿拉伯联合酋长国居民的两人火星居住舱设计大赛，并规定居住舱必须使用既能从地球运来又能在火星上找到的材料来建造。

下一站，火星

在美国总统巴拉克·奥巴马发表2015年国情咨文时，宇航员斯科特·凯利就坐在观众席上，他即将开始自己的外太空之年。奥巴马总统和国会以欢呼向他致敬，随后总统敦促国会支持"重启空间计划"，目标是"进军太阳系，不仅要抵达，还须能驻扎"。这些话再次证实了他2010年4月15日在佛罗里达州肯尼迪空间中心发表的有关空间探测的演讲。"我们希望到2025年能够拥有适于长途旅行的新型宇宙飞船，开启月球以外的首次载人深空任务。"奥巴马总统说道，"我相信，到21世纪30年代中期，我们能够把人类送上环火星轨道并让他们安全返回地球。再往后，我们可以让人类着陆火星。我满怀期待地迎接这一天的来临。"

抛开所有这些激昂的华丽辞藻不说，白宫的许多总统在任期内都对载人火星任务表示支持，也大多认可并推动火星作为美国空间计划的下一个目标。不过，实际行动中仍然缺少一个坚定不移且可持续的载人着陆火星计划，它还要拥有政治和经济上的强力支持。

"火星是下一个伟大的探索前沿，而探索则是人类进取心的一部分，也是人类不可抗拒的需求。如今，前往火星的无人飞行已经成为现实，这是人类火星之旅的前奏。"美国雪城大学马克斯韦尔公民与公共事务学院公共行政、国际事务与政治学教授W.亨利·兰布赖特这样说道，他著有见解深刻的《为什么是火星：NASA和空间探测政策》（2014）一书。"最大的挑战在于如何把愿望变成现实，这需要政治意志和昂贵硬件两方面的支撑。要把人类送上火星，持续多年的投入也是必不可少的。"兰布赖特教授说，"美国和NASA需要作为领导者来团结国际航天国家共同前往这颗红色行星。"

兰布赖特教授相信，这必将是一项长期而艰巨的探索工程，"但如果各国能够共同分担开销和工作的话，我们应当可以在几十年内实现这一目标。通过进军太空，各国也许能够更好地学会如何在地球上进一步的合作"。克里斯·卡伯里从政治的角度观察了局势，他是火星探索（Explore Mars）公司的首席执行官，这家成立于2020年、总部设在马萨诸塞州贝佛利的私人机构是一个有影响力的火星载人着陆计划的支持者。"虽然我不认为当前的支持能够轻而易举地推动火星计划，但我相信它确实从美国国会和社会各界得到了前所未有的大力支持。问题是，这些支持的力度有多大？如果下一届政府想要转向其他空间项目的话，这个计划还能持续下去吗？"

对于那些可能会说我们前往火星的计划没有得到授权的人，卡伯里反击道：

"多届美国政府，也包括当前这届，都一直把火星探测作为接下来的重要目标，NASA也已认可并大力宣传了这一目标，而且它明显是一个非常吸引大众的话题。如果这都不满足授权的资格，很难想象还有第二个空间探测的目标可以与之竞争。"

不过，所有的火星任务支持者都承认，这是一项需要各国通力合作、共同投入决心和金钱的工程。事实上，国际空间站就是一个经过验证的国际空间合作的成功典范，它将至少运行到2024年。空间站被视为一笔宝贵的财富，有助于认识和减轻长期任务可能对人体健康造成的各种威胁，以及验证和完善人类在深空中安全、高效地完成运行工作时所必需的技术和航天器系统。

欧洲空间局利用欧洲服务舱为近地轨道以外的任务所开发的载人空间运输系统目前正进行到关键阶段。该舱是与NASA开发的"猎户座"乘员舱一起用于深空探测的关键组成部分。德国宇航员、ESA人类空间飞行和操作机构负责人托马斯·赖特尔说，新时代的载人和无人协同空间任务需要广泛的国际合作。赖特尔曾在太空中待过350多天，其中179天是在俄罗斯"和平号"空间站度过的。空间站项目已经证实了强有力的国际合作的重要性。"如今，是时候在这种合作关系的基础上接纳新的合作伙伴，并继续开拓近地轨道之外的旅程了。"赖特尔说。

我们需要一个"月球村"

全世界空间领域的许多人都认为，我们的下一个最优目标是月球，而不是火星。ESA的负责人约翰—迪特里希·沃纳就明确表示，他热切期望"月球村"可以成为超越国际空间站的下一步计划。他称火星是一个"不错的目的地"，但他还是把热情留给了月球基地——参与者们将根据各自的能力和兴趣共同打造具有全球特色的月球版国际空间站。

但是，《新空间》杂志的主编斯科特·哈伯德对NASA的计划持有疑议，把建立月球基地也纳入火星计划之中，这在经济上可行吗？"我相信美国能够负担得起一项庞大的载人航天计划，但两项不行。"哈伯德下结论道。20世纪六七十年代，把人类送上月球的阿波罗计划所耗费的资金换算到今天的价值高达1500亿美元，巅峰时占美国联邦预算的4%。的确，阿波罗计划改变了人类的历史进程，"但那是在当时的国际竞争、总统命令和绝对资金支持下的特殊情况，我们这代人几乎是不可能复制的"。

哈伯德承认，世界上还有许多国家把月球作为载人探测的重要目的地，其中

不仅有ESA，还有俄罗斯和中国，他们已经把载人登月列入空间战略规划中。"很显然，那些从未踏足月球的国家还是希望能够登月的。"哈伯德说道。美国也可以考虑低成本月球探测的可能性，他提议，这或许能交由私人公司来完成，同时也不妨碍我们继续开展火星之旅。

经费永远是一个重要的问题。最近，NASA喷气推进实验室的一项研究为载人火星任务勾勒出一个预算合理的计划。报告指出，如果想要完成这一计划，NASA最早需要在2024年、最晚不迟于2028年退出国际空间站项目。接下来的进程是先让宇航员于2033年着陆火星卫星火卫一，随后于2039年实现火星着陆和短期停留，最终于2043年在火星长驻一年。这些任务环环相扣，每一项任务都建立在前一项的基础上，后来者可以利用前序任务留下的物资、基础设施和经验。按计划，整个火星任务由非营利组织美国航空航天公司独立定价，不超过目前NASA根据通货膨胀调整过的预算额度。尽管在这项内部研究中没有列出，但我们可以预想到，国际合作伙伴和私营企业将分担其中一部分费用。

2013年年底，中国探月任务"嫦娥三号"抵达目的地并传回包括这张地球全景在内的大量照片。在2014年的航展上，中国展示了一辆类似的火星车模型。

正如我们不会忘记肯尼迪总统直面挑战的精神是如何成功地鼓舞了我们的登月梦一样，一位承诺20年内登陆火星的国家领导人也会被历史铭记。

——巴兹·奥尔德林

深空探测的起点

尽管关于如何对待月球的问题仍未解决，但以月球周围的空间为立足点的想法正受到越来越多的关注。首先是猎户座飞船，这是一种多用途航天器，旨在执行长时间的载人深空探测任务。第一步似乎是利用绕月轨道作为试验场，以验证推动人类探索太阳系所必需的技术。

引领美国航空航天公司的发展是计划的一部分，我们将号召它们开发生命维持系统、辐射防护以及月地或绕月任务通信技术；这些进步可能将有助于规划通往小行星，或许还有不久之后的火星等其他深空探测目标的道路。猎户座飞船的制造商是位于美国科罗拉多州丹佛的洛克希德·马丁航天系统公司，"它正致力于提升该飞船的性能，目标是让宇航员们在月球轨道上一个专用居住舱中生活30天或更长的时间，然后还能在他们离开时以无人操作的状态运行一段时间，直到下一次任务开始"。洛克希德·马丁公司空间探测设计师乔希·霍普金斯这样解释道。

霍普金斯还表示，先设置一个月地居住舱，是接下来拓展到火星的阶段性方案。"我们正考虑尽快在月地空间启动和运行一些东西，"霍普金斯说，"同时，我们也尽力在首次发射后交付一些新技术，例如，更先进的循环系统和生命维持设备，这些都将在前往火星之前于月球轨道上进行测试。""月球作为深空探测的起点是非常重要的一步，"霍普金斯说，"月球几乎刚好比国际空间站远1000倍……而火星任务又比月球远1000倍。"就这样，一步一个脚印地走过去。

走出后院

2006年，来自全世界的14个空间机构建立了国际空间探测协调小组（ISECG），这个审议机构旨在"通过协调各国之间的工作"来推进空间探测。该组织已发布了一份"全球探测路线图"，用于协调针对太阳系内目标（人类有朝一日可能会生活和工作的地方）的载人和无人空间探测任务。

"空间探测丰富和加强了人类的未来。"ISECG的核心文件开篇这样写道。空间探测可以"寻找诸如'我们来自哪里？''我们身处宇宙中的什么位置？'以及'我们的命运是什么？'等基本问题的答案，能够让各国为了共同的事业走到一起。"这份路线图描绘了人类在近地轨道之外的阶段性扩张，而火星任务则是大家共同的长期目标。"人类的太空移民计划才刚刚起步，"文件称，"在大多数情况下，我们仍然停留在距地球表面仅仅几千米的地方——简直就像是在自家后院露营一样。是时候该迈出下一步了。"

同样，ISECG路线图也主张先进入月地空间及月面，然后再探索更远的地方，如火星。这一策略引发了先月球还是先火星的争议。路线图工作小组联合主席、NASA的凯茜·劳里尼指出，一批来自世界各地的机构认为可以通过月球来验证火星探测所需的关键技术。"很多空间机构都想在前往火星的途中先把人类送上月面，这已经不是什么秘密了。"她说，"NASA曾表示，我们不认为月球是通往火星的必经之路，毕竟我们已经证实过这方面的能力了。"

劳里尼还进一步补充道，她非常清楚这些空间机构前往月球的意愿。"我们对此表示尊重，而且已经告诉他们，我们也会助力前往火星途中的这些任务，但他们需要付诸行动，而不仅仅停留在空谈阶段。"她说，"把人类送上月球将会带来重大的科学进步，比如开发利用原位资源的方法。月球探测可以提升火星探测所需的各种技术，如月面动力系统、月面机动系统、月面居住系统、载人上升舱等，诸如这些运用在月球上的技术都能转用到火星探测中去。"劳里尼对此坚定不移："如果我们想要抵达火星的话，国际合作是必不可少的，而其中的收益最终也会回馈到地球上来。"正如ISECG文件所总结的那样："这个空间探测的新时代将通过共享具有挑战性的和平目标来加强国际合作关系。"

对美俄关系特别感兴趣的杰出国际政策分析家苏珊·艾森豪威尔雄辩有力地表达了类似的观点。艾森豪威尔被要求在美国参议院科学与空间委员会于2014年4月举行的"从这里到火星"听证会上陈词做证。在回顾了有争议的太空竞赛历史并展望了国际合作新时代的前景之后，艾森豪威尔说："从历史经验来看，终止空间合作总是比重新开启更容易。但要是没有合作，我们将无法实现我们在空间领域的长期目标。"在顺便含蓄地提及"蓝色石珠"效应——从太空看向地球的新视角，一种全局观——之后，她继续说道："太空具有服务国际社会的独特能力。它能够促进预防性外交，提高国际社会透明度，也能够在那些愿意完全搁置各自诉求的国家之间维持和构建关系。"

私营空间业务

当各国经反复研究提出他们以火星为共同目标的计划时，公私合作也在进行中。NASA已经与比奇洛航空航天公司签订了合同，利用其创新性的空间居住舱B330来发展载人航天任务。B330是一种可扩展的空间舱，其密封舱空间容积达1.2万立方英尺，可供最多6名乘员使用。比奇洛希望看到B330居住舱被用于支持前

一组国际宇航员在模拟的火星环境中生活了520天，这个建筑内既有居住舱又有类似于火星表面的区域。图中，"火星500"计划的一名成员正踩在红色的沙地上，这片沙地模仿了NASA勇气号火星车的着陆点，也就是古谢夫环形山的表面。

往月球、火星以及更远目标的载人航天任务。

也许到目前为止，最广为人知的火星旅行计划是火星一号，这个单程飞行计划被业内大多数人认为是一场风险极大的赌博。火星一号的总部设在荷兰，它是由荷兰梦想家巴斯·兰斯多普和阿尔诺·维尔德斯所共同创立的非营利组织，这个组织致力于在火星上建立人类殖民地。他们通过社交媒体来邀请愿意获取一张单程火星票的个人申请者，目前已收到了来自全世界的20多万份申请。"这意味着有史以来最受欢迎的职位空缺实际上是去火星定居。"兰斯多普说道。他们从中挑选了100人，这些人将形成4人一组的国际团队，从2026年开始前往火星。

火星一号计划从不讳言：这不是一张往返双程票。"单程火星任务大大减少了对基础设施的需求。任务没有返程也意味着不需要返回舱、返回推进器，或者在火星生产推进器的系统，所有这些可都需要大量的资源和技术开发投入。"通信系统、火星车和生活舱都会在首批4人抵达前就远程运抵火星。"当住在那里的居民规划他们的生活环境时，殖民地就会迎来发展。"在火星一号的网页上这样解释道。这一大胆的、没有政府机构参与也没有多少公司合作的探险计划能否顺利实施？他们能否离开地球、抵达火星表面？这些尚待分晓。

马斯克的火星计划

埃隆·马斯克可能会成功。作为空间探测技术公司（SpaceX）的创始人和首席火箭专家，马斯克致力于打造一条独特的个人和公司发展轨迹。SpaceX的网站大胆地描绘了这样一个故事："SpaceX设计、制造和发射先进的火箭和航天器。公司成立于2002年，旨在革新空间技术，最终目标是让人类能够生活在其他行星上。"

根据马斯克的时间表，SpaceX名为"红龙（Red Dragon）"的太空舱将于2018年和2020年进行无人驾驶飞行并携带货物着陆火星，此后，一项载人火星任务最早将于2024年离开地球，并于2025年抵达火星。此外，马斯克在火星上建立城市的计划将需要火星殖民运输车的协助。

马斯克曾说过，他的烈烈雄心是在大学期间迸发出来的，当时他正试图寻找哪些领域的工作会对人类的未来产生重大、积极的影响。"然后我想出了三件，"他在2011年在国家新闻俱乐部（National Press Club）说道，"那就是互联网；可持续能源，包括其生产和消费；还有就是空间探测……特别是让生命成为跨行星的存在。在我上大学的时候，可没想到将来能把这三个领域统统涉足一遍。"但他确实做到了：从互联网银行"贝宝"（PayPal）到附带发展了太阳能的电动汽车"特斯拉"（Tesla），再到如今的SpaceX——他希望与这家公司一道让生命成为跨越多颗行星的存在。在马斯克的宇宙意识领域里，他认为，必须"设计一种运载工具，运送生命跨越几亿英里的辐射空间，抵达一个它们还没有演化出来的环境中去"。

马斯克认为，无论是出于自愿还是迫不得已，人类最终将会成为跨行星种族。他提出，也许有朝一日，我们需要搬到另一颗行星上去。而在此期间，有些人可能已经做出了移居的决定。"如果能把火星旅行或移民的花费降低到美国加州中产阶级家庭能够承受的水平。"换句话说，大约50万美元——"那么，我想会有很多人愿意买票移居火星，成为建设新行星和新文明的一分子。"马斯克这样告诉国家新闻俱乐部的观众。他指出，目前地球人口已经有70亿，到21世纪中叶可能会达到80亿，即使每百万人中有一个人决定这么做，那么总数也会达到8000人。"而且我想，决定这么做的人很可能不止百万分之一。"他补充道。

灾难

权力斗争 | 随着更多任务人员的抵达，谁来主导一切呢？一个紧急情况就有可能引发骚乱。殖民统治、移民问题，甚至种族或宗教差异带来的紧张局势，都有可能会撕裂火星上日益增长的人类殖民地组织。

这会搞出什么乱子来呢？

踊跃报名

马斯克的看法没有错，只要美国政府下达指标，似乎从不缺乏雄心勃勃的火星宇航员。2016年2月，NASA宣称响应他们宇航员招募的人数创下了纪录。"许多不同背景的美国人都愿为火星之旅的开拓事业做出贡献，对此我一点也不感到惊讶。"NASA局长查尔斯·博尔登说道。

超过1.83万人填写了参加2017年NASA宇航员课程的书面申请，这几乎是2012年最近一次课程申请人数的3倍，也远远超过了1978年创下的8000人纪录。这么一大批申请者将被砍到屈指可数的一小拨人。最终，NASA宇航员选拔委员会仅从中挑选8~14个人，他们将接受充分的训练，成为宇航员后备力量。

红色的行星在呼唤，而充满激情的人们也渴望在申请书上签下自己的姓名，准备把他们的生命奉献给这场跨越时空直抵另一个世界的冒险，他们是驾驭着科技浪潮的朝圣者。尽管博尔登并没有向参加2017年课程的宇航员们许诺一张前往火星的船票，但他表示："这一批未来的美国太空探险家将激励下一代火星探险者们勇攀新的高峰，同时也将帮助我们实现在火星上印下足迹的目标。"这是未知、迷人的未来向我们发出的邀请。

一飞冲天

2016年3月，欧洲和俄罗斯的联合项目 ExoMars 于2016在哈萨克斯坦发射升空，开始了它为期7个月、飞往火星的旅程。在起飞一个月之后，它传回第一张照片，对其复杂的成像系统进行了测试。

印度航天器成功抵达火星

班加罗尔印度空间研究组织的科学家和工程师们正在相互庆祝（下图），因为"曼加里安号"（在印地语中有"火星飞船"之意）于2014年9月24日成功进入火星轨道。"今天，我们创造了历史。"印度总理纳伦德拉·莫迪这样说道。从发射的那一天起，印度人民就一致认同，印度是第一个在首次试飞中就成功抵达火星的国家（右图）。

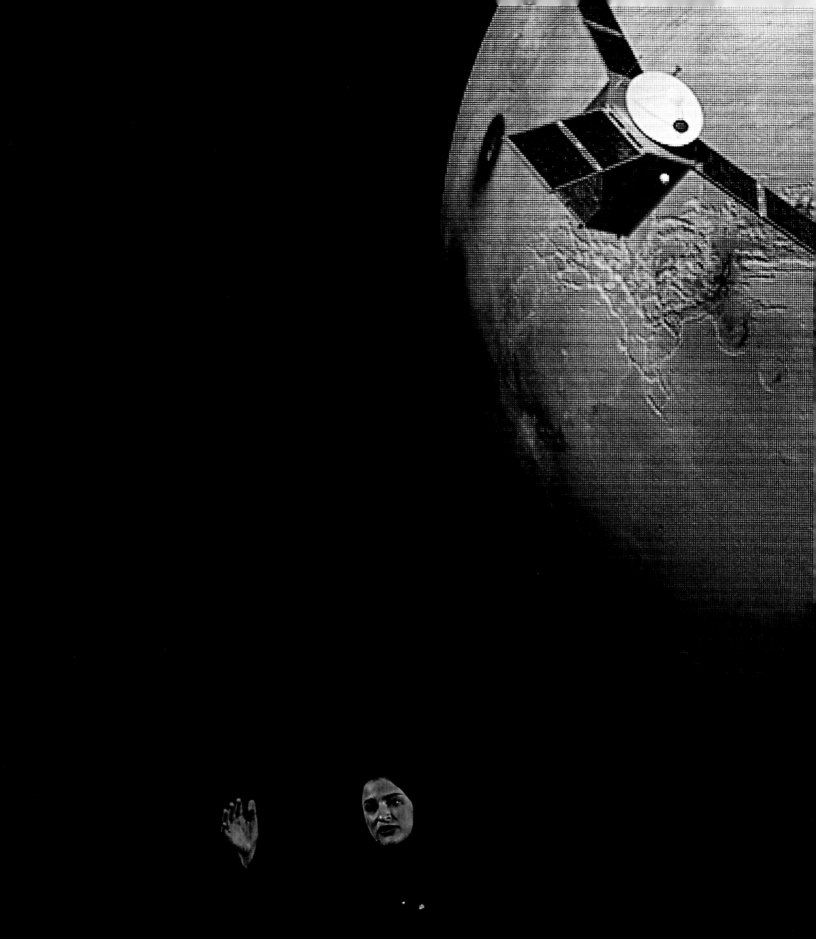

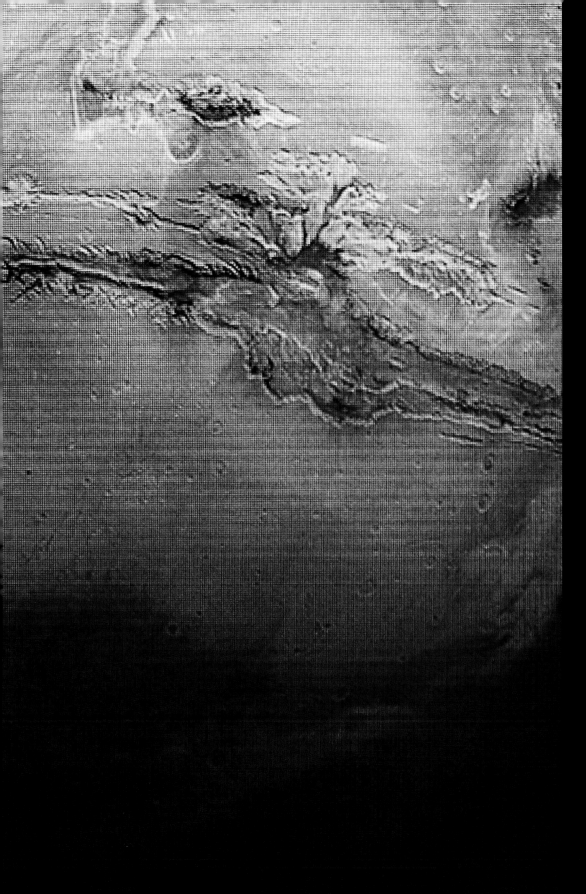

UAE 发布火星任务

萨拉·阿米里是阿拉伯联合酋长国火星任务"阿迈勒"（al-Amal，阿拉伯语有"希望"之意）的项目副经理，她在介绍这一无人探测计划："希望号"将于2021年抵达火星并在火星轨道上运行至少两年，同时收集这颗行星的大气数据。

前排座位

SpaceX富有远见的工程师们要面对的下一个挑战是将人类送上近地轨道以及更远的地方——按照首席执行官埃隆·马斯克的想法,还要一路送上火星。下图是SpaceX公司设计的红龙飞船的内部结构,该飞船最多可搭乘7名宇航员。

英雄 | 约翰·洛格斯登

乔治·华盛顿大学空间政策研究所名誉教授

向火星进军的政治意愿究竟有多么全球化？用空间政策专家约翰·洛格斯登的话来说，"这必须是，也必将是一个国际联盟。"洛格斯登补充道，"美国在民用航天活动上的花费仍然比全世界其他国家的总和还要多。因此，即便其他国家有雄心要领导这一计划也是没有意义的。只有美国拥有这样的资源。"

洛格斯登是华盛顿特区的乔治·华盛顿大学政治科学与国际事务名誉教授。过去的几十年里，他一直在空间政策决策中发出机敏而又备受重视的声音。最近，他还促成了一项预算合理的载人火星任务新计划。

尽管如此，仍有一些人担心，载人火星计划将永远得不到必要的承诺来维持其长期、高昂的投入。对此，洛格斯登并不同意。"美国的航天飞机项目从1972年一直持续到2011年，长达40年。此外，美国从1982年起就在维持国际空间站，计划到2024年才结束。自阿波罗时代以来，政府同时在航天飞机和空间站上维持了一个相对稳定的投入水平。"在洛格斯登教授看来，这些都是"活生生的证据"，表明"只要项目的进度和雄心配得上可能获得的资金"，美国政府就会提供资源来维持这项昂贵的空间计划。

洛格斯登撰写过多部关于空间探测的书籍，其中包括对约翰·F.肯尼迪登月决策的开创性研究，他认为："人们似乎有一个相当广泛的共识，即载人火星任务是美国太空计划的合适目标。"即便如此，"那些主张火星计划的人也必须在时机到来前做好准备"。他同意NASA局长查尔斯·博尔登曾说过的话，NASA比以往任何时候都更接近于踏足火星。"这并不意味着我们已经接近了，"洛格斯登补充道，"在我看来，通往火星的道路必将途经月球。"他认为，重返月球的国际计划必须优先于任何国际火星任务。

2010年，巴拉克·奥巴马总统宣布美国将前往火星。"这仍然是指导性政策。"洛格斯登承认，但又补充道，继任的美国总统需要牢记这一目标才能实现它。"这也意味着两个极端情况，"洛格斯登说，"美国要么继续沿着深空、月地空间，然后是火星的道路走下去……要么就终结政府载人航天计划。除此之外，真的再没有其他选择了。"

我们对恒星和行星的探索可以追溯到美苏冷战时期的太空竞赛。图中的沃纳·冯·布劳恩是当时的火箭总工程师，他在向约翰·F.肯尼迪总统解释土星五号运载火箭系统，正是这位总统在空间探测上的尽心尽力促使美国人登上了月球。

充气舱

总部位于内华达州北拉斯维加斯的比奇洛航空航天公司专门从事包括BEAM（比奇洛可扩展活动舱）在内的充气式居住舱的设计和制造。充气舱既可以成为轨道装置的一部分，也能够充当火星等遥远世界的居住舱。

踏上火星之旅的
第一步

通往火星的漫漫征途始于成功的踏脚石。图中，波音公司和洛克希德·马丁公司联合成立的美国联合发射联盟（United Launch Alliance）于2014年12月点火发射了强大的德尔塔4型重型运载火箭，将无人驾驶的猎户座飞船送入太空。猎户座飞船的建造者洛克希德·马丁公司称这次成功的发射是"我们踏上火星之旅的第一步"。

欢迎参观我的火箭

2016年2月，英国企业家理
查德·布兰森爵士在自豪地
介绍维珍银河公司的宇宙飞
船2号。私人空间旅行的曙
光初现，起点就是搭乘他们
公司的亚轨道火箭飞机来一
趟按次计费的旅行。

发射、着陆、重复使用

太空时代的亿万富翁杰夫·贝索斯曾因创办亚马逊公司而享有盛名和财富。他的新公司"蓝色起源"也在稳步发展，并且作为率先进入私人空间旅行领域的竞争者而获得认可。2016年1月，该公司重复使用的新谢泼德火箭实现了第二次成功起飞和安全垂直着陆（见右图）——这是一项值得庆祝的瞩目成就（见下图）。

英雄 | 马西娅·史密斯

空间政策在线网（SpacePolicyOnline.com）创始人、编辑，弗吉尼亚州阿灵顿空间和科技政策小组主席

如果想要一项载人火星计划长久繁荣的话，就必须得在政治和政策方面配合上。"NASA经历过重重坎坷，很清楚总统声明只有在实施资金充沛的情况下才算数。"马西娅·史密斯这样说道，"资金是一道持久的障碍，在合理的风险范围内将人类送往火星是非常昂贵的。"

史密斯是一个空间政策迷，她曾任美国国家研究委员会的空间研究委员会和航空航天工程委员会主任。"作为一项政府计划，将人类送往火星的任务如今得到了国会的大力支持，"她指出，"证据就是过去的两年里NASA获得的预算在增加。即便如此，年复一年所需的资金量似乎依然是一个无底洞。"

作为一项长期战略，NASA采用了火星演化计划（Evolvable Mars Campaign）来实现载人火星任务，这使得人类能够逐渐适应不断变化的环境。"这是一个现实可行的方法，但被那些渴望重现阿波罗时代辉煌的航天人员所质疑。"史密斯评论道，"他们想要一个让人类在21世纪30年代早中期踏足火星的具体方案，并坚称，如果没有明确的日期和计划，它就不可能获得支持。"

私人航天企业的兴起，尤其是埃隆·马斯克的SpaceX公司，能否有助于人类实现空间旅行呢？史密斯表示，答案是肯定的。私营部门——意味着它是以商业方式行事的商业部门，而非政府的承包商——能够发挥关键的作用。目前，SpaceX从政府获得了大量的资金。它通过非传统的合同避免了"政府承包商"的标签，不过政府依然是资金的来源方，她解释道。

"如果没有政府出资来发展这些创业公司的系统，它们还愿意走多远……这是一个难以回答的问题。"史密斯补充道。毫无疑问，任何风险合理的载人火星计划都需要很长的时间、大量的资金投入和大批人才。"这意味着它是一项多个政府和私营部门的合作计划。"史密斯说。

史密斯指出，还有一个问题就是，我们的目的仅仅是竞争成为登上火星的第一人，还是将载人火星任务当作一项长期的计划，让成百上千的人类能够无限期地前往火星。"由于动机的不同，这才是一个更大的挑战。有多少人愿做第二名？或者第十名，甚至第一百名？在我看来，这些人才是真正的探险家，他们致力于一种循序渐进的国际商业方案。"

目前，公私合作关系的象征、SpaceX的"红龙"补给飞船正被空间站宇航员操纵的机械臂抓获并拉向国际空间站。

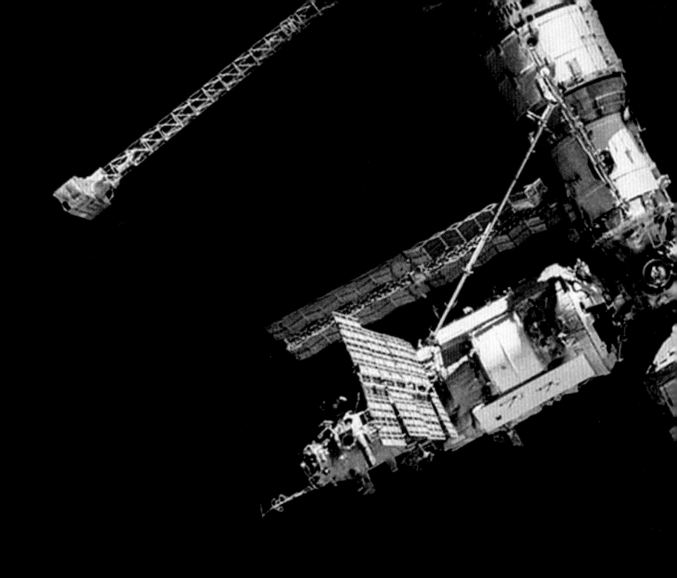

文化的融合

随着冷战时期的太空竞赛成为过去式，NASA和俄罗斯宇航局于1995年6月进入了一个国际合作的新时代；当时的标志性事件就是"阿特兰蒂斯号"航天飞机与俄罗斯"和平号"空间站的对接——这也是共计11次航天飞机访问空间站中的第一次。

新的火星任务——洞察火星任务

NASA洞察火星任务（全称为"利用地震探测、大地测量和热量输送进行内部探索"的InSight是一项探测火星深层地质情况的任务）原计划的2016年发射日期因着陆器科学载荷的一个主要仪器出问题而推迟。图中所示的就是这架航天器最终着陆在火星上展开时的样子。

维多利亚环形山壁

2007年，NASA火星探险漫游者机遇号传回了这张清晰的照片，照片中的圣文森特角是探出维多利亚环形山壁的岬角。机遇号和它的伙伴勇气号于2004年1月在火星的两端着陆。许多年过去了，机遇号仍然在探索这颗红色行星。

在火星上出生的孩子将不识得其他的景致，也不了解其他的生活方式。他们将面对截然不同的挑战，然而人类的天性却将永远存在。

着陆

火星

当我们展望火星的未来时，
我们的想象力全面放飞。这种
住宅名为冰屋，其中包括防
辐射气体的充气窗户，附在
用当地产的冰制成的墙壁上。

MARS

MULTIPLE TOURS AVAILABLE

6

着陆火星

展望长达半个世纪的火星移民历程是最佳的占卜。当然，仅仅是描绘密封、圆顶的飞地组成的封闭式社区，这想象得也太简单了。危险总是存在于探索的边界，但这之前没能阻止我们，而这次也阻止不了我们。用 T. S.埃利奥特的话来说，"只有那些敢于冒险走得极远的人才有可能发现他们能走多远"。微重力、长期旅行、辐射、宇宙线，这些恐惧因素将会被克服吗？它们将会被其他我们从今天的观点出发无法预言的因素所取代吗？有许多专家说，我们需要为一场巨大的变革做好心理准备。

"想想看，"加州州立大学北岭分校的社会学名誉退休教师 B. J.布卢特说，"当人们从欧洲移居到新大陆，然后再到遥远的西部时，他们和他们的文化发生了变化。看法、价值观和生活方式都经历了显著的改变……同样的现象也会影响那些选择定居其他行星的人。不仅仅是心理上的。"她继续道："太空先驱们将会进化出与他们留在地球的祖先们在身体、免疫、文化和社会上的差异。"

我们将不只是登陆火星，还要在那里建立社区。从这一假设出发，我们需要预料到长期生活以及最终在第四行星上生育的生物学影响，首先要考虑的是辐射影响。人类在火星上的主要健康问题是辐射暴露。宇航员在火星长途跋涉时，将暴露在银河系宇宙辐射和周期性太阳风暴期间增强的辐射中。"辐射暴露的最大威胁是有可能在安全返回地球后的某个时候死于辐射诱发的癌症。"弗吉尼亚州福尔斯彻奇的一家研究基金会 ANSER 的空间辐射专家罗恩·特纳这样说道。"有限的研究也表明，辐射暴露可能造成的影响会在一次长期任务期间而不是几年后显现。"特纳补充道，"退行性或急性影响可能包括心脏病、免疫系统有效性降低，甚至是患阿尔茨海默病类神经症状的潜在风险。"

海报在宣传火星上的旅行、活动和展览，这一天会到来吗？平面设计师和 NASA 喷气推进实验室的战略家合作，为"如果你创造它，它就会发生"的原则配上了插图。

十字路口

随着风暴造成的破坏，火星任务的前景开始显得黯淡渺茫起来。紧张不安的投资者和各国政府已经越发确信，财政、物质和心理上的危险已经大到无法证明人类在这颗行星上扩张的合理性。尽管地球上满腔热忱的倡导者尽了最大的努力，但人类在火星上的存在似乎注定要落下帷幕……直到一个意想不到的发现揭示了火星上尚未找到的最大惊喜。

"无论是地球和火星间的旅程，还是火星表面的旅程，空间辐射环境都将是宇航员日常生活中至关重要的考虑因素。"鲁坦·刘易斯解释道，他是马里兰州格林贝尔特NASA戈达德航天中心载人航天项目的建筑师兼工程师。据弗吉尼亚州汉普顿NASA兰利研究中心的材料研究员希拉·蒂博说，利用氢化氮硼纳米管是一种大有希望的尖端防护理念。研究人员已经成功地织造出这种被称为氢化BNNT的纳米管材料。她报告称，它足够柔韧，可以被编织进太空服织物中，为宇航员火星漫步，甚至是在条件恶劣的火星表面外出提供辐射防护。

人类在火星上受到的重力大约是地球上的3/8（0.375）。关于重力减弱对人类健康的长期影响，人们知之甚少。国际空间站上进行的生命科学实验的确显示了骨质的丢失。对于穿越漫长而浩瀚的太空抵达火星后重新回到重力环境中的宇航员们来说，这种重力减弱可能是一种两难的困境。"这一影响的严重程度已经促使NASA去认定骨质丢失是长期太空飞行的一种内在风险。"得克萨斯州休斯敦国家空间生物医学研究所骨骼研究组组长杰伊·夏皮罗表示。

火星上的重力并非你的好伙伴，伦敦大学学院海拔、空间和极端环境医学中心副主任凯文·方这样暗示。作为一名麻醉师和生理学家，方是《极限医学：二十世纪，探险如何改造医学》的作者。火星较低的重力将会引发一连串待解决的医学问题：在为《连线》杂志写的一篇文章中，他解释说，对骨质密度、肌肉强度和身体循环模式的担忧必须考虑在内。"缺乏重力负荷，骨骼会深受一种航天诱发的骨质疏松症之害。因为我们体内99%的钙都存储在骨骼中，随着它的日渐流失，钙就会寻路进入血流，引发更多的问题，从便秘到肾结石，再到精神抑郁。"他解释说。

较低的重力也意味着身体会长得更高。回到地球的太空旅行者们要高上两英寸。这是因为加在椎骨上的重力减少了，所以它们伸展了几英寸。一旦他们回到地球上，这种情况不会持续很久，他们会恢复到他们在地球重力下的高度。不过，总而言之，骨骼强度、肌肉和免疫系统的变化只是居住在火星上的人类身体将发生变化的一小部分。

而一旦世代居住于这颗红色行星，对于火星上出生的人来说，未来会是怎样的呢？一个出生在火星上的人有可能会发现，回归地球压倒性的重力环境是难以承受的。"除了一个重力外，我们没有儿童在其他重力下的数据。"圣何塞州立大学高级研究工程师兼国家空间协会理事会成员阿尔·格洛伯斯说，"那么，在火星1/3的重力下会发生什么呢？我们并不知道。"

但是，格洛伯斯说："有一件事我们非常、非常确信：和那些在地球上长大的孩子相比，火星上长大的孩子要弱得多。骨骼和肌肉的发育是对压力的反应。在火星上，重力压力要小得多，所以骨骼和肌肉也会变得比较弱。"

复垦工程

火星有能力改变我们的身体，与此同时，我们能为改变火星并使其地球化做些什么呢？多年来，地球化的概念——改造火星的气候和表面，使其充分适宜人类居住——一直被讨论。比起安装几个可供远征队员生活几个月或一年的居住舱，这是一项更大型、更长期、更不可思议的项目：地球化意味着把整个火星变成一颗能够维持地球生命的行星。

过去曾有过一些声势浩大的方案，比如用含水彗星撞击这颗行星，或者用环绕火星的巨大反射镜反射日光以提高其表面温度，又或者使用另一种调高恒温器的方式，即用抽自火星卫星的深色表面材料喷洒火星极冠。此外，还有一项提议是传播以深色地衣、藻类或细菌形式存在的转基因微生物，这是一种吸收日光、温暖火星大气的生物学方法。

要把火星改造成一颗宜居行星，我们需要提供三个基本要素：易获取的水、可呼吸的氧和宜居的气候。NASA空间科学家克里斯托弗·麦凯对这些任务进行了系统的展望，并整合出一条地球化的时间线。第一个火星变暖阶段可能需要100年。

"要使火星成为一个适合生命生存的世界，最主要的挑战是使其变暖，并制造出厚厚的大气层。一层厚厚的、温暖的大气可以让液态水存在，生命才有可能开始。"麦凯说。虽然他补充道，使整颗行星变暖似乎是取材自科幻小说的概念，但事实上，我们如今正在地球上展示这种能力。"通过增加地球大气中的二氧化碳含量以及添加超级温室气体，我们正在地球上引发每世纪几个摄氏度的变暖。上述这些效应正好可以用来温暖火星。"麦凯指出。

在火星上，我们可以有目的地制造超级温室气体，并依靠火星极冠释放出来并被大地吸收的二氧化碳。结果将会有一层厚厚的、温暖的大气覆盖住这颗红色行星。麦凯补充说，在我们没有刻意努力的情况下，如今地球上也在发生每世纪变暖几度的现象。因此他推断，通过制造超级温室气体来刻意使火星变暖，则时间尺度会缩短。

随着环境的变暖，火星可以引入光合生物，有机生物将开始繁衍兴盛。作为一种自然发展的结果，生物将开始消耗火星土壤中的硝酸盐和高氯酸盐，最终生成氮和氧。随着这一长达百年的地球化进程扎下根来，温度和压强的增长将会给火星的赤道和中纬度地区带来液态水。随着河流的流动和赤道湖泊的形成，火星会出现频繁的降雪和偶尔的降雨。最终，这颗行星上的水循环将建立起来，就像在南极洲的干谷中发现的那样。人们可以种植热带树木，可以引进昆虫和一些小动物。人类将仍然需要防毒面罩来提供氧气，防止肺部二氧化碳浓度过高。

在接下来的阶段里，为了让人类能够自由地呼吸，麦凯预见到氧合期要花费更长的时间，直到在海平面气压下氧含量上升到13%以上且二氧化碳含量降到1%以下。在地球上，全球生物圈利用日光制造生物量和氧气的效率是0.01%。麦凯说，多亏了遍布火星表面的植物所展现的效率，在火星上产生富氧大气的时间尺度是17年的1万倍，也即大约10万年。也许，有一些我们还不知道的方法和技术可以用来加速这一过程，他补充道："未来，合成生物学及其他生物技术也许能够提高这种效率。"不过，其时间线仍要远远地延伸到未来。

尽管10万年有些漫长，但麦凯认为，通过实施对火星有重大影响的小实验来加强我们的地球化技术并没有什么坏处。例如，在火星无人着陆器上进行一项植物发芽的探索性试验，可以帮助我们设计出利用光合作用制造氧气的方法。但是在火星上栽培的计划提出了一个更大的问题，麦凯警告道：要预防火星生命形态对我们地球化这颗行星的努力造成的冲击。

如果火星上没有生命，那么情况就相对简单了。但是，要证明一些东西不存在则有点儿难，即便经过广泛的探索，要断定火星上完全没有生命，而不是简单

地说在所调查的特定地点不存在生命，这可能会很难。但是，如果发现任何形态的生命，麦凯继续说道，那么我们就需要仔细地定义火星与我们想要在火星维持的地球生命形态间的关系。火星上发现的生命形态可能与地球上的生命形态有亲缘关系，这也许是源于数千年前的陨星交换。但如果发现了与地球生命无关的生命形态，那么不仅会出现技术问题，还会带来巨大的伦理问题，他总结道。

人类对火星的幻想已持续数十年了。早在 1953 年，美国太空艺术先驱切斯利·博恩斯特尔就在这幅插画和其他许多幅插画中畅想了人类生活在这颗红色行星上的场景还有涉及的相关技术。

公园漫步

使整颗行星地球化——完全改造火星——是一项持续数代人的工程，目前专家们还在为此进行讨论和争辩。与此同时，另一些人正提议我们选择火星表面的某些区域开工，建设总计由 7 个公园组成的一个网络，旨在保护这颗红色行星上的不同区域。这一概念已经得到苏格兰爱丁堡大学天体生物学教授查尔斯·科克尔的支持。

火星是绵延的沙漠、壮丽的峡谷、熄灭的盾状火山和广阔的极地冰盖的家园。通过保护这些地理特征的一部分，我们就可以建起多种多样的行星公园，它们拥有各具特色的出众美景和内在自然价值，科克尔说道。这些公园也将考虑到最大限度地保护科学遗产，包括地质学，也许还有生物学上的遗产。对人类具有特殊我们都是……这个宇宙的孩子。不只是地球、火星或太阳系，而是整场盛大的烟火。如果我们终究对火星感兴趣，那只是因为我们想知道我们的过去，且非常担忧我们可能的未来。

——雷·布拉德伯里

意义的区域也可以被保存下来：第一处人类着陆点，机器人车辆取得特殊里程碑的地点，甚至是仍在运行或废弃的飞行器的残骸，这些飞行器早在人类之前就到达火星了。

德国科隆航空航天中心航空航天医学研究所的格尔达·霍内克认为这一倡议可比拟地球上的国家公园体系。她和科克尔在权威杂志《太空政策》上发表了他们的观点，他们认为火星公园是这颗行星上的人类必不可少的一部分，借此回应他们所说的"火星上工业和旅游业的必然发展"。公园法规可以规范附近的工业发展，并且"可能会成为游客参观的焦点，举例来说就像地球上的大峡谷国家公园一样，通过鼓励人们参观及欣赏它的壮丽景色和特殊地位来实现保护的目的"。

如果有了公园，那么为什么不能再有博物馆呢？即便是今天，人类也已经在那里留下了痕迹。"除了我们自己的行星之外，这是为数不多的有人工制品的行星之一。"拉斯克鲁塞斯的新墨西哥州立大学人类学荣誉教授贝丝·奥利里评论道。"前往火星的任务成功和失败兼有，尽管有超过一半的发射任务以失败告终。"她指出，并鼓励我们去"考虑为未来的游客、我们自己又或者火星上的其他人保存具有历史意义的航天器"。

成功的火星无人着陆器描绘了行星旅行和科学的演变，且具备不同寻常的自我记录的特征，奥利里指出："它们将火星表面的图像和其他信息传回地球。在过去的半个世纪里，火星探测器在设计、规划和文化层面上的变迁情况，部分是由这些物质记录所提供的。这些人工制品在空间探测中具有重要的历史意义。"

这些遗留物也记录了澳大利亚新南威尔士州的未来学家兼文化遗产副教授迪尔克·施佩内曼所说的"机器人文化"——部分源于人类、部分源于机器的遗产。"我们的月球遗产充斥着从早期到现在的各种机器人技术。到目前为止，火星上的遗址都位于一片由机器人改造过的文化景观中。"在火星的任何事故调查中，失败的任务及其坠毁地点都是同等重要的，奥利里说道。确定事件发生及物证残留的地点很关键。"有线索可以找出故障的原因和性质，"她继续说道，"就能提高未来成功着陆火星的机会。这类有价值的研究有一些可以在人类到场的时候继续下去。"

哥白尼视角

几十年以来，自从宇航员占据外太空的有利位置拍摄并传回了地球的照片后，数以万计的人惊叹于这"巨大的蓝色石珠"，同时因旅行者1号从大约37亿英里之外拍到的"暗淡蓝点"而感到卑微渺小，这一切都唤醒了一种行星团结的文化符号和意识。在作家弗兰克·怀特的同名书籍中，这个概念被称为"总观效应"，它启发了一家非营利基金会，致力于保持这个文化符号的生命力和重要意义。

这种从外太空观察地球的视角，其带来的冲击完全不同于地面上可能具有的任何视角。"在太空中目睹地球真貌的体验，会让你立即明白它是一颗微小、脆弱的生命之球，孤悬于虚空之中，被一层薄如纸片的大气所庇护和滋养。"正如总观研究所网站里所描述的那样。"宇航员告诉我们，从太空看去，国界消失了，分裂我们的冲突也变得不那么重要了，而创建一个怀有团结意志去保护这个'暗淡蓝点'的行星社会的必要性变得显而易见且势在必行起来。更重要的是，他们中有许多人告诉我们，从总观效应出发，所有这一切似乎很快就可以实现，只要有更多的人能够获得这种体验！"2014年初，当好奇号从火星发回地球的图像时，我们体验到了总观效应：天空中最亮的天体仍然是一个小点。

怀特说，几千年来，我们没有过任何总观效应的体验——没有任何具体途径来体会我们是生活在一颗高速飞驰于宇宙中的行星上这样的事实。在宇航员进入轨道并登上月球后，它就成为我们所有人都要面对的严酷事实。相比之下，怀特指出，到达火星的人类就已经熟悉了总观效应。如果在月球上，你可以想象下自己在必要时返回地球的旅行。但如果到了火星上，返程就不太可能了。这可能会像早期殖民者回到英国，或拓荒者回到东部一样耗费时间——且这也可能是一趟昂贵的旅行。相比从月球返回地球，从火星返回地球的身体调整可能需要更为艰难的过渡。"有些移民可能很难接受这种情况，这取决于人们的期望。"弗兰克·怀特补充道。

到那时，火星人眼中的地球就和今天地球人眼中的火星一样，是天空中的一线微光，不借助望远镜根本就分辨不出任何特征来。许多人发出了响亮而清晰的信息：前往火星的先驱旅行者们再也不会回来了。他们的非常之旅打一开始就抱着自给自足和独立的心态。"火星人很快就会发展出他们自己的文化，并且在地球人看来，他们就像真正的'外星人'一样。"怀特预言，这最终导致了火星脱离地球的"独立宣言"。

怀特还提到了他与俄勒冈的哲学家尼克·尼尔森的讨论。数千年来，人类没有体会过我们是生活在一颗高速飞驰于宇宙中的行星上这样的事实。当宇航员进入轨道并登上月球时，他们直接体会到了地球的真实情形。

"相比之下，"怀特说，"当人们到达火星时，他们从一开始就在总观这颗行星。尽管理解'地球飞船'花了很长时间，但他们仅凭直觉就懂得'火星飞船'是什么。利用目前围绕火星飞行的所有航天器，我们已经有了一个总观，尽管它来自远方。"

"我相信这将使我们早期的'火星人'更适应火星，而不是地球，因为地球对

"火星500"是欧洲和俄罗斯的空间机构共同创建的对火星生活环境的长期模拟，它开始唤起这种体验。这里，一名参观者正凝视着这个模拟的世界。

他们来说太遥远了。"怀特建议说，"我们还需要考虑重力的永久减少及它对火星人思维过程的冲击，特别是对孩子们的影响。我认为他们在心理、情感和生物学上会迅速地进化。"

火星热

火星移民是一份充斥着炒作的快节奏销售工作吗？加拿大安大略省多伦多的约克大学人类学系教育硕士研究生雷娜·伊丽莎白·斯洛博迪安最近发表了一篇她称之为"殖民火星热潮的人类学评论文章"。

"有权有势的人在媒体上不断谈及火星殖民问题。"斯洛博迪安说，这些人可能是SpaceX的埃隆·马斯克，阿波罗11号的月球漫步者巴兹·奥尔德林，也可能是超级明星宇航员克里斯·哈德菲尔德和斯科特·凯利。尽管这些太空倡导者可能知道自己在谈论些什么，但火星热已经席卷大众，成为社交媒体围绕"火星一号"热议不断的象征，这也许是缺乏吸引力的社会特征的标志，斯洛博迪安说。"向公众推销移民概念的营销人员罗列了诸如生物学驱动、物种生存、包容性和乌托邦式理想等观点。"她写道，并认为"我们在未来10年内移民太空的愿望，很大程度上是受自我、金钱和浪漫主义的驱使。"也包括对不朽名声的追求。"我们不应该为了兜售乌托邦或灵感而掩盖它给人们生活带来的风险。"她警告说。

不过，火星能带来的刺激是显而易见的。人们确实认为前往火星会很有趣——事实上，如果在地球上通过虚拟现实头盔或者作为一个度假胜地来实现的话，或许会更有趣。为了回应此类假日梦想，内华达州拉斯维加斯正计划着建造"火星世界"。这是一场身临其境的红色行星体验，保证会和地球上任何其他的主题公园一样壮观。体验1/4的地球重力，开着火星车四处逛逛，漫步于太空走道上，或者在火星主题的水疗中心休闲——所有这些项目都被置于一个"如吉萨金字塔一样大"且"庞大到放得下玫瑰碗体育场"的穹顶里。太空旅游协会创始人、总设计师约翰·斯潘塞表示，该场馆将以"科幻小说、娱乐和真实事物之间长期存在的联系"为基础。简言之，他说，这不是科幻小说，而是"科学的未来"。"在不曾离开地球的情况下来一场火星之旅，这件事就交给拉斯维加斯吧。"

我们是火星人

很少有人意识到，人类将要带到火星上的第一块纪念碑已经出现了，同时还有关于这块不锈钢将被置于何处的说明。这是一块8英寸宽10英寸长的铭牌，目前暂时陈列于华盛顿哥伦比亚特区的史密松国家航空航天博物馆，紧邻着海盗号火星着陆器的全尺寸工程模型。铭牌上写道："献给蒂姆·马奇，他的想象力、激情和决心对太阳系探索事业贡献巨大。"

灾难

思乡日久 | 随着火星殖民地独立于母星而发展，社会隔离使从来没有机会到外面呼吸新鲜空气的火星人生出一种深深的绝望的割裂感。

会出什么问题呢？

托马斯·A.马奇的绰号叫"蒂姆"，是一位杰出的空间科学家、行星地质学家，也是海盗号成像团队的领导者，他们负责1976年操作美国第一艘着陆火星的航天器上的相机，并将照片传回地球。基于这些照片，马奇出版了他的第三本书《火星景观》。马奇也是一名狂热的登山运动员，他组织过很多次高海拔探险活动。他告诉他的学生和登山同伴们："我不能带你们大家去火星，但我可以向你们展示一点儿探索的意义。"

马奇在1980年的一次探险中死于喜马拉雅山脉农山的山坡上。在他去世一年后，NASA将当时仍在火星上运行的海盗1号着陆器更名为托马斯·A.马奇纪念站。与此同时，NASA局长罗伯特·弗罗施也将那块不锈钢铭牌公之于众，宣布它将由第一批到达克律塞平原的探险队贴在海盗1号着陆器的侧面，这架无人飞船至今仍旧停留在那里。

到那时候，许多其他的火星车、着陆器和地球设备已经在火星表面着陆了。但没有什么日子会比人类踏上火星并将其称为自己的土地的那一天更激动人心、更具有历史意义、更无视生死、更能证实生命的伟大和未来的可期。这些未来的火星农场主很可能还会记得《火星纪事》的作者，太空旅行和探索的忠实梦想家雷·布拉德伯里说过的话。

1976年，布拉德伯里为海盗1号和海盗2号无人着陆器着陆火星而欢欣鼓舞，他说："今天我们已经抵达火星。火星上是有生命的，那生命就是我们……我们的双眼在向四面八方延伸、我们的思想在延伸、我们的心灵也在延伸，它们都于今天触及火星。这就是要在那里寻找的信息：我们在火星上，我们是火星人！"

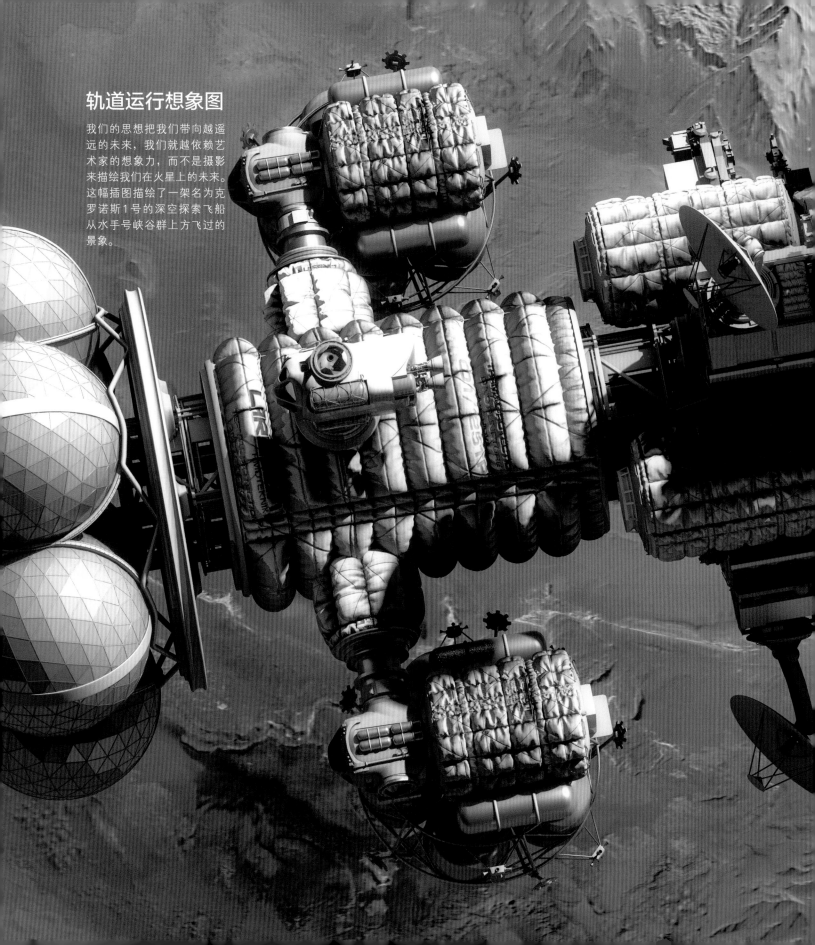

轨道运行想象图

我们的思想把我们带向越遥远的未来，我们就越依赖艺术家的想象力，而不是摄影来描绘我们在火星上的未来。这幅插图描绘了一架名为克罗诺斯1号的深空探索飞船从水手号峡谷群上方飞过的景象。

地下大都会

有些计划提议，行星表面本身应该被用来保护人类的住所免受火星上严酷的气候和高辐射量的危害。如果这项计划得以通过的话，我们最终可能会创造一个熙熙攘攘的地下空间，其中的城市灯光日夜闪耀。

未来的住宅

多元竞争迸发出科学、艺术和工程相结合的梦幻住宅：
严酷的火星环境，优雅的建筑设计线条，以及将两者结
合起来的技术。火星冰屋（下图）是NASA近期的3D打
印住宅竞赛的第一名，它利用火星上的水、纤维和气凝
胶制造建筑材料。第三名熔岩蜂巢（右图）提出了一种
模块化的设计，使用一种新型铸造工艺将火星土壤和航
天器部件融合在一起。

英雄 | 尤金 · 博兰

特科绍公司（Techshot）首席科学家

没有多少公司能号称自己拥有这样一个"火星房间"，它专为需要类火星生态系统的实验而设计。特科绍的测试舱却可以让科学家们做到这一点：模拟火星大气压、昼夜温度变化，以及冲击着这颗红色行星表面的无情的太阳辐射。在这个人造的生态系统中，首席科学家尤金·博兰正在研究"生态培育"——这个概念指的是在一个新地方萌发生命，更确切地说，是创造一个能够维持生命的生态系统。这并非地球化——改造土壤、空气和大气，使其更适合人类居住——但这套生命系统在探索延长人类在火星上停留时间的方法上迈出了创造性的一步。

博兰和他的同事们正在评估利用建立生态系统构建的先驱生物通过火星土壤大量制造氧气的可行性。测试平台实验中的一些生物也可以祛除火星土壤中的氮。"这是一种制造氧气的方法。"博兰道，并解释说，这样就不需要花费巨大的代价向火星运送沉重的氧气罐了。"我们的微生物将利用整个火星环境、土壤加地下冰再加大气来制造可呼吸的氧气。让我们送去微生物，然后让它们为我们做这些重体力活吧。"火星上的大型生态馆封装了通过细菌或藻类驱动的转化系统生态培育出的氧气，从而在适当的时候可以成为远征队舒适的住所，博兰说。

博兰的研究得到了NASA创新先进概念计划的支持。该计划将在未来的火星车上搭载特殊装置，并在选定的地点将小型容器状的装置埋进地下几英寸深处。然后容器中精选的地球生物——比如某些蓝细菌那样的嗜极微生物——将与带入装置内的火星土壤相互作用。一旦生效，该装置将感知是否存在氧等代谢产物，并将发现结果报告给火星在轨中继卫星。

这种容器设计了必要的密封，以防地球生物暴露于火星的大气中。博兰视这项实验为第一次重大飞跃，并将其从实验室研究变为试验性的火星实地调查，而后者的兴趣囊括了行星生物学、生态培育和地球化等内容。

博兰的愿景是：用微生物启动火星上的生物制氧工厂——他相信，这种方法可以产出所需的氧气补给。"我既是生物学家，也是工程师，"博兰说，"所以我想把这两件事结合起来做出一件有用的工具，来解决这个广为人知的问题：如何在火星上提供人类生活所必需的氧气。"

确保充足的氧气是把人类送上火星的关键一步。地球上的科学家们正在评估能够在这颗红色行星上施行的制氧技术。

空服，纽曼的设计舒适贴身、
柔韧，并且还能保温、抗辐
射。纽曼试穿了她的设计（前
页图），展示了其膝关节部位
的极佳连接。由纽曼设计的
太空服只需要一套简单的绑
带（下图）就可以固定住生
命维持系统。

天然支柱

为了建造这样的地下住所，采矿机器人将先于人类来到这里，探测火星表面以寻找玄武岩，这是一种已知存在于火星上的火成岩。它们找到的最坚固的玄武岩柱将成为地基支柱，室内装饰则由玄武岩粗纱制成，这是一种用于航空航天工业的编织长丝。

人类曾经在看似不利于生命存在的地区建造过居住地。自有记录以来，智利阿塔卡马沙漠的部分地区（下图）从未见过一滴雨，但不管怎么说，有100多万人勉强生存在这片干旱的土地上。这样的事实使得地球化一颗像火星（右图）这样贫瘠的行星的前景更加可行。

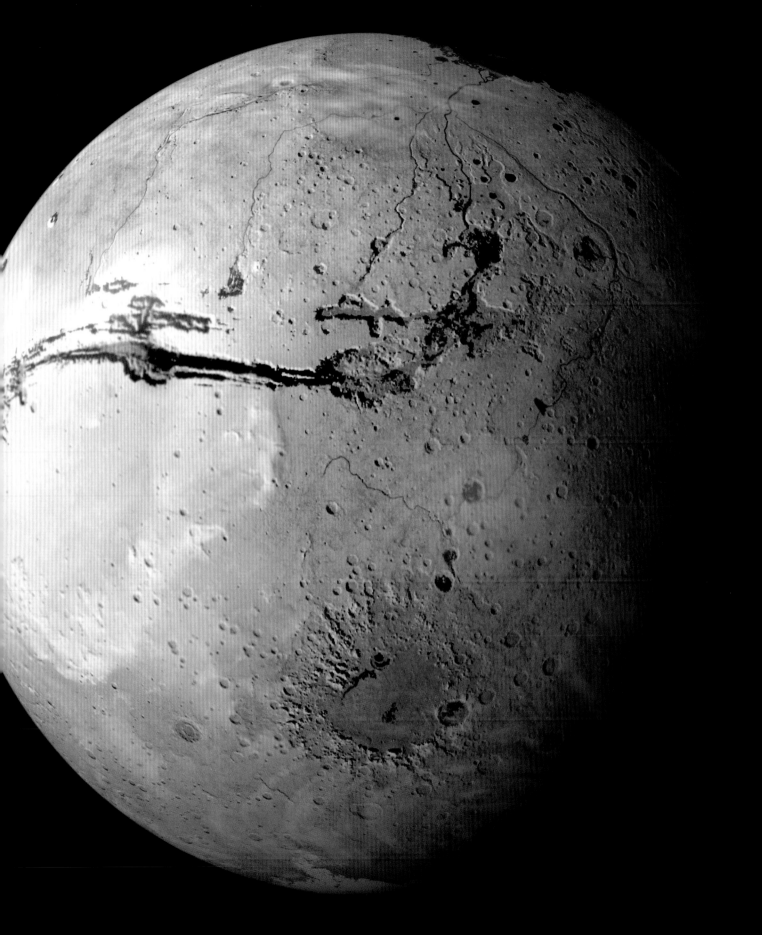

万众瞩目火星

全世界都将瞩目人类的首次
着陆火星——正如他们瞩目
1969年人类踏上月球的第
一步，以及2012年8月的
NASA好奇号火星车成功着
陆火星一样。从时代广场（如
图所示）到东京，数以百万
计的人为好奇号的着陆而欢
呼。据估计，在线观看此次
着陆的人数达320万。

英雄 | 巴兹·奥尔德林

工程师、前宇航员、阿波罗11号月球漫步者

如果你想发起一场前往火星的活动，最好是向深空领域的先驱者——比如巴兹·奥尔德林这样的人——寻求建议。奥尔德林是1969年7月首次载人登月的阿波罗11号机组成员。在这场创造人类历史的史诗级航程中，他是继宇航员同伴尼尔·奥尔登·阿姆斯特朗之后，第二个踏上地球天然卫星的人。

45年后的今天，奥尔德林坚信火星是人类的下一个目的地。他把这颗红色行星看作"黑暗太空中一个等待征服的岛屿"。"就我个人而言，我经历过很多第一次，"奥尔德林说这是科学和探索上的第一次，"需要一种特别的领导力，一种由勇气来决定的领导力。"把人放到火星表面是人类永无止境的探索活动的延续。

巴兹·奥尔德林一直在忙着做一个系统的后期设计，他称之为"占领火星的循环路径（Cycling Pathways to Occupy Mars）"。"循环路径是一种工程方法，而不是目标，它在技术上是合理的，并可以准备付诸实施。在物理方面也没有问题。"他解释道，"此外，在普渡大学、麻省理工学院及佛罗里达理工学院的巴兹·奥尔德林航天研究所中持续的改进证实，如果我们现在就开始，那么到了2040年，以长居为目标的人类成功着陆火星可以实现。"

正如奥尔德林所说——以及技术论文所证实的那样——现有的循环机结构强调可复用性，以及低成本人员转移的再补给。"这真的是可以做到的，"他指出，"在地球上，就相当于渡船在河上来回运送乘客所创造出的经济效益。"

奥尔德林的计划需要循环宇宙飞船，以及两架或两架以上能够重新发射的火星着陆器，以拦截从地球经9个月转运飞掠火星或其卫星火卫一的循环飞行器。火星基地采用了改进过的技术，他继续道，这些技术早些时候在类似设计的月球基地上进行开发。从火卫一远程控制建造的火星基地，将吸取停留在月球轨道上的美国航天器组装国际月球基地的经验和教训，奥尔德林提到。

"选择以各式各样的循环系统为牵引，不仅能把美国拉回到人类空间探测的前沿，"他说，"而且提供了一种将所有航天大国团结起来的重要方式……让全世界来分担人类历史上最伟大的拼搏。"

"一位受至高天使青睐且带领我们更接近我们称为火星的天体的美国总统，他或她将不仅是在创造历史，并将作为人类探索、理解和定居火星的先驱而被长久铭记。"奥尔德林发出质疑："如果不是现在，那还会是什么时候？如果不是我们，那还能有谁？这是我们的时代……这也是你们的时代！"

在一张创造历史的照片中，也就是1969年7月人类首次登月期间，阿波罗11号宇航员巴兹·奥尔德林站在一片荒凉的土地上。他的面罩映出了摄影师——他的宇航员同伴尼尔·奥尔登·阿姆斯特朗——和他们的登月舱——鹰号。

流沙

NASA好奇号火星车传回了
这张沿夏普山西北侧分布的
巴格诺尔德沙丘群的照片。
一段时间的观测显示这些沙
丘每年可以移动一码的距离。
好奇号传回的图像实际上是
NASA科学家需要分析的数
据流；这张照片调整了色彩
使沙丘看起来像在地球日光
中一样。

火星日落

2005 年 5 月 19 日，NASA 火
星探测车勇气号在古谢夫环
形山捕捉到了这张黄昏的景
象，当时是它在火星上的第
489 个火星日。

一颗寂静行星的
场景

正如艺术家朱利安·莫夫所
设想的那样，人类的脚步正
走向火星——一个与我们的
世界完全不同的世界，一个
充满了荒野景色、神秘、危
险和希望的神秘星球。

国际火星任务时间线

1960

苏联
火星1A号（火星1960A）
1960年10月11日
火星飞掠未遂
火星1B号（火星1960B）
1960年10月14日
火星飞掠未遂

1962

苏联
人造卫星22号
1962年10月24日
火星飞掠未遂
火星1号
1962年11月1日
火星飞掠（失联）
人造卫星24号
1962年11月4日
火星着陆器未遂

1964

美国
水手3号
1964年11月5日
火星飞掠未遂
水手4号
1964年11月28日
火星飞掠
苏联
探测2号
1964年11月30日
火星飞掠（失联）

1965

苏联
探测3号
1965年7月18日
月球飞掠，火星测试运载工具

1969

美国
水手6号
1969年2月25日
火星飞掠
水手7号
1969年3月27日
火星飞掠
苏联
火星1969A
1969年3月27日
火星轨道飞行器未遂
火星1969B
1969年4月2日
火星轨道飞行器未遂

1971

美国
水手8号
1971年5月9日
火星飞掠未遂
（发射失败）
苏联
宇宙419号
1971年5月10日
火星轨道飞行器未遂/着陆器未遂
火星2号
1971年5月19日
火星轨道飞行器/着陆器未遂
火星3号
1971年5月28日
火星轨道飞行器/着陆器
美国
水手9号
1971年5月30日
火星轨道飞行器

1973

苏联
火星4号
1973年7月21日
火星飞掠（火星轨道飞行器未遂）
火星5号
1973年7月25日
火星轨道飞行器
火星6号
1973年8月5日
火星着陆器（失联）
火星7号
1973年8月9日
火星飞掠（火星着陆器未遂）

1975

美国
海盗1号
1975年8月20日
火星轨道飞行器和着陆器
海盗2号
1975年9月9日
火星轨道飞行器和着陆器

1988

苏联
福波斯1号
1988年7月7日
火星轨道飞行器未遂/福波斯着陆
器未遂
福波斯2号
1988年7月12日
火星轨道飞行器/福波斯着陆器
未遂

1992

美国
火星观测者
1992年9月25日
火星轨道飞行器未遂（失联）

1996

美国
火星环球勘测者
1996年11月7日
火星轨道飞行器
俄罗斯
火星96号
1996年11月16日
火星轨道飞行器/着陆器未遂
美国
火星探路者
1996年12月4日
火星着陆器和火星车

1998

日本
希望号（行星B）
1998年7月3日
火星轨道飞行器
美国
环火星气候探测器
1998年12月11日
火星轨道飞行器未遂

1999

美国
火星极地着陆器
1999年1月3日
火星着陆器未遂
深空2号（DS2）
1999年1月3日
火星着陆器未遂

2001

美国
2001火星奥德赛
2001年4月7日
火星轨道飞行器

2003

欧盟
火星快车
2003年6月2日
火星轨道飞行器和着陆器
美国
勇气号（MER-A）
2003年6月10日
火星车
机遇号（MER-B）
2003年7月8日
火星车

2005

美国
火星勘测轨道飞行器
2005年8月12日
火星轨道飞行器

2007

美国
凤凰号
2007年8月4日
火星侦察兵着陆器

2011

俄罗斯
福波斯－土壤
2011年11月8日
福波斯着陆器未遂
中国
萤火一号
2011年11月8日
火星轨道飞行器未遂
美国
火星科学实验室
2011年11月26日
火星车

2013

印度
曼加里安号
2013年11月5日
火星轨道飞行器
美国
专家号
2013年11月18日
火星侦察兵任务轨道飞行器

2016

欧盟
火星生命探测计划2016
2016年3月14日
火星轨道飞行器和着陆器

2018 on

美国
NASA火星车2020
下一代火星轨道飞行器2022
中国
**火星轨道飞行器/火星着陆器/火
星车**2020
欧洲空间局
火星生命探测计划火星车2020
阿拉伯联合酋长国
希望号火星轨道飞行器2020
日本
火星卫星探测任务2022

（资料来源：火星探索时间年表，
NASA空间科学数据协调档案）

致谢

我想对本书写作过程中联系的无数个人和组织致以谢意——他们数量太多就不一一列出。没有你们的帮助，这本书不可能完成。

NASA的小里克·戴维斯和SAIC的史蒂夫·霍夫曼，我对这两位火星规划师的感激之情溢于言表，他们提供了宝贵的见解和意见来帮助塑造这本书。

非常感谢我的妻子芭芭拉，她确保了我在流连红色火星的同时依然立足于地球。

向我早期的"火星地下"团队的同事们致以特别的敬意，尤其是克里斯·麦凯、卡罗尔·斯托克、卡特·埃玛特、本·克拉克、彭妮·波士顿、史蒂夫·韦尔奇、巴兹·奥尔德林、凯利·麦克米伦，还有已故的汤姆·迈耶，他是一盏指路明灯，是使一切皆有可能的召集人。

我也要感谢本书的火星团队，确切地说是苏珊·泰勒·希区柯克的编辑（以及在截稿期限前的奚落）天赋，图片编辑凯瑟琳·卡罗尔的慧眼，还有戴维·惠特莫尔对这本书的精巧设计。

最后，感谢全世界不辞辛劳地架起地球和火星之间桥梁的人们。

——伦纳德·戴维

插图引用

ILLUSTRATIONS | CREDITS

Cover, National Geographic Channels/Brian Everett; Back Cover, NASA/JPL-Calech/University of Arizona; Front Flap, NASA/JPL; Back Flap (UP) Barbara David; Back Flap (LO), Jeff Lipsky; 1, Reproduced courtesy of Bonestell LLC; 3, Lockheed Martin; 4, NASA/JPL-Caltech/University of Arizona; 10-11, NASA/JPL-Caltech/University of Arizona; 18-9, NASA/Goddard Space Flight Center Scientific Visualization Studio; 19, NASA/JPL-Caltech; 20-21, NASA/JPL-Caltech; 22, NASA/JPL-Calech/University of Arizona; 24, National Geographic Channels/Robert Viglasky; 29, NASA; 31, NASA/JPL-Caltech/University Arizona/Texas A&M University; 32-3, Lockheed Martin/United Launch Alliance; 34-5, NASA/United Launch Alliance; 36-7, NASA/Bill Ingalls; 38, NASA/Aerojet Rocketdyne; 39, NASA/Stennis Space Center; 40-41, NASA/JPL-Caltech/University of Arizona; 42, NASA/JPL-Caltech; 42-3, NASA; 44-5, NASA/JPL/University of Arizona; 46-7, NASA/JPL-Caltech; 48-9, NASA/JPL-Caltech; 49, NASA/JPL-Caltech; 50-51, NASA/JPL-Caltech/MSSS; 52, NASA/JPL-Caltech/Malin Space Science Systems; 53, NASA/JPL; 54-5, NASA/JPL-Caltech; 56-7, NASA/JPL-Caltech; 60-61, NASA/JPL/Arizona State University; 62-3, NASA/Goddard Space Flight Center Scientific Visualization Studio; 62 (LE), NASA/JPL-Caltech; 62 (RT), NASA; 64-5, NASA; 66, NASA/Bill White; 68, National Geographic Channels/Robert Viglasky; 76-7, British Antarctic Survey; 78, French Polar Institute IPEV/Yann Reinert; 78-9, ESA/IPEV/PNRA—B. Healy; 80-81, ESA/IPEV/ENEAA/A. Kumar & E. Bondoux; 82-3, Neil Scheibelhut/HI-SEAS, University of Hawaii; 84-5, Oleg Abramov/HI-SEAS, University of Hawaii; 85, Christiane Heinicke; 86, NASA; 87, Carolynn Kanas; 88-9, NASA; 90-91, EPA/NASA/CSA/Chris Hadfield; 91, NASA; 92-3, NASA; 94-5, Phillip Toledano; 96, NASA/Bill Ingalls; 97 (UP), NASA/Robert Markowitz; 97 (LO), NASA/Robert Markowitz; 98, IBMP RAS; 98-9, ESA—S. Corvaja; 100-101, Mars Society MRDS; 102-103, Mars Society MRDS; 103, Mars Society MRDS; 104, NASA; 105, Jim Pass; 106-107, ESA/DLR/FU Berlin—G. Neukum, image processing by F. Jansen (ESA); 107, ESA/DLR/FU Berlin; 108-109, NASA/JPL/ASU; 110-11, NASA/Goddard Space Flight Center Scientific Visualization Studio; 111 (UP LE), NASA/JPL-Caltech; 111 (UP RT), NASA; 111 (LO), NASA/JPL/University of Arizona; 112-13, NASA/JPL/University of Arizona; 114, NASA/JPL-Caltech/MSSS; 116, National Geographic Channels/Robert Viglasky; 119, NASA/Wallops BPO; 123, NASA/Emmett Given; 125, NASA/Artwork by Pat Rawlings (SAIC); 126, Percival Lowell (PD-1923); 127, NASA; 128-9, NASA Langley Research Center (Greg Hajos & Jeff Antol)/Advanced Concepts Lab (Josh Sams & Bob Evangelista); 130-31, Kenn Brown/Mondolithic Studios; 132, NASA/Bill Stafford/Johnson Space Center; 133, NASA/Bill Stafford and Robert Markowitz; 134-5, © Foster + Partners; 136, NASA/Artwork by Pat Rawlings (SAIC); 137, Jim Watson/AFP/Getty Images; 138-9, NASA/Bigelow Aerospace; 140, Data: MOLA Science Team; Art: Kees Veenenbos; 140-141, NASA/JPL/USGS; 142-3, NASA/Ken Ulbrich; 144, Haughton-Mars Project; 145, SETI Institute; 146-7, Bryan Versteeg/Spacehabs.com; 148-9, NASA/JPL/University of Arizona; 149, NASA/JPL-Caltech/Univ. of Arizona; 150-151, NASA/Goddard Space Flight Center Scientific Visualization Studio; 151 (UP LE), NASA/JPL-Caltech; 151 (UP RT), NASA; 151 (CTR), NASA/JPL/University of Arizona; 151 (LO), Carsten Peter/National Geographic Creative; 152-3, Carsten Peter/National Geographic Creative; 154, Joydeep, Wikimedia Commons at https://en.wikipedia.org/wiki/Cyanobacteria#/media/File:Blue-green_algae_cultured_in_specific_media.jpg (photo), http://creativecommons.org/licenses/by-sa/3.0/legalcode (license); 156, National Geographic Channels/Robert Viglasky; 159, NASA/JPL-Caltech/Univ. of Arizona; 163, NASA/JPL-Caltech/Cornell/MSSS; 166-7, Carsten Peter/National Geographic Creative; 168-9, Carsten Peter/National Geographic Creative; 170, Mark Thiessen/National Geographic Creative; 171, Image Courtesy of the New Mexico Institute of Mining and Technology; 172-3, Trista Vick-Majors and Pamela Santibáñez, Priscu Research Group, Montana State University, Bozeman; 174-5, ESA; 176, DLR (German Aerospace Center); 177, George Steinmetz/National Geographic Creative; 178-9, Kevin Chodzinski/National Geographic Your Shot; 179, Diane Nelson/Visuals Unlimited; 180-81, NASA/JPL/Ted Stryk; 182, Wieger Wamelink, Wageningen University & Research; 182-3, Jim Urquhart/Reuters; 184, NASA/JPL-Caltech/Lockheed Martin; 185, Paul E. Alers/NASA; 186-7, DLR (German Aerospace Center); 188-9, ESA; 190, NASA/JPL-Caltech/Cornell/MSSS; 190-191, NASA/JPL-Caltech/MSSS; 192, NASA; 193,

NASA; 194-5, NASA/JPL-Caltech/Univ. of Arizona; 196-7, NASA/Goddard Space Flight Center Scientific Visual-
ization Studio; 197 (UP LE), NASA/JPL-Caltech; 197 (UP RT), NASA; 197 (CTR), NASA/JPL/University of Arizona;
197 (LO LE), Carsten Peter/National Geographic Creative; 197 (LO RT), ESA/J. Mai; 198-9, ESA/J. Mai; 200,
Official White House Photo by Chuck Kennedy; 202, National Geographic Channels/Robert Viglasky; 205, Andrew
Bodrov/Getty Images; 209, ESA/IBMP; 212-13, ESA–Stephane Corvaja, 2016; 214, Reuters/Abhishek N. Chin-
nappa; 214-15, Punit Paranjpe/AFP/Getty Images; 216-17, AP Photo/Kamran Jebreili; 218, Trey Henderson;
218-19, SpaceX; 220-21, SpaceX; 222, NASA; 223, David M. Scavone; 224-5, NASA/Bill Ingalls; 226-7, Lockheed
Martin; 228-9, Al Seib/Los Angeles Times/Getty Images; 230, Blue Origin; 230-31, Blue Origin; 232, NASA; 233,
Courtesy Marcia Smith; 234-5, NASA; 236-7, NASA/JPL-Caltech/Lockheed Martin; 238-9, NASA/JPL/Cornell;
240, SEArch/CloudsAO; 240-41, NASA/Goddard Space Flight Center Scientific Visualization Studio; 241 (UP
LE), NASA/JPL-Caltech; 241 (UP RT), NASA; 241 (CTR), NASA/JPL/University of Arizona; 241 (LO LE), Carsten
Peter/National Geographic Creative; 241 (LO RT), ESA/J. Mai; 242-3, SEArch/CloudsAO; 244, Courtesy NASA/
JPL-Caltech; 246, National Geographic Channels/Robert Viglasky; 249, Reproduced courtesy of Bonestell LLC;
253, Natalia Kolesnikova/AFP/Getty Images; 256-7, Maciej Rebisz; 258-9, Alexander Koshelkov; 260, Team Space
Exploration Architecture/Clouds Architecture/NASA; 260-61, LavaHive Consortium; 262, Techshot, Inc.; 263,
Photo from Eugene Boland courtesy of Practical Patient Care magazine; 264, Dr. Dava Newman, MIT: BioSuit™
inventor; Guillermo Trotti, A.I.A., Trotti and Associates, Inc. (Cambridge, MA): BioSuit™ design; Michal Kracik:
BioSuit™ helmet design; Dainese (Vincenca, Italy): Fabrication; Douglas Sonders: Photography; 265 (LE), Dr. Dava
Newman, BioSuit™ inventor/Guillermo Trotti, Trotti Studio, BioSuit™ design/Michal Kracik, BioSuit™ helmet
design; 265 (RT), Dr. Dava Newman, BioSuit™ inventor/Guillermo Trotti, Trotti Studio, BioSuit™ design/
Michal Kracik, BioSuit™ helmet design; 266-7, ZA Architects; 268, DEA/C. Dani/I. Jeske/Getty Images;
268-9, Data: MOLA Science Team; Art: Kees Veenenbos; 270-1, Navid Baraty; 272, NASA/Neil A. Armstrong;
273, Rebecca Hale/National Geographic Staff; 274-5, NASA/JPL-Caltech/MSSS; 276-7, NASA/JPL/Texas A&M/
Cornell; 278-9, Julien Mauve.

MAP CREDITS

Mars Hemispheres Maps (pages 6-9, 12-15)
Base Map: NASA Mars Global Surveyor; National Geographic Society.
Place Names: Gazetteer of Planetary Nomenclature, Planetary Geomatics Group of the USGS (United States
Geological Survey) Astrogeology Science Center *planetarynames.wr.usgs.gov.*
IAU (International Astronomical Union) *iau.org.*
NASA (National Aeronautics and Space Administration) *nasa.gov.*

East Melas Proposed Human Exploration Zone (EZ) Map (page 29)
Data from: "Landing Site and Exploration Zone in Eastern Melas Chasma," A. McEwen, M. Chojnacki, H. Miyamoto,
R. Hemmi, C. Weitz, R. Williams, C. Quantin, J. Flahaut, J. Wray, S. Turner, J. Bridges, S. Grebby, C. Leung, S.
Rafkin LPL, University of Arizona, Tucson, AZ 85711 (mcewen@lpl.arizona.edu), University of Tokyo, PSI, Université
Lyon, Georgia Tech, University of Leicester, British Geological Survey, SwRI-Boulder.
THEMIS daytime-IR mosaic base map: NASA/JPL/Arizona State University/THEMIS.

Potential Exploration Zones Map (pages 58-59)
Data assembled by Dr. Lindsay Hays, Jet Propulsion Laboratory-Caltech.
Topography Base Map: NASA Mars Global Surveyor (MGS); Mars Orbital Laser Altimeter (MOLA).

版权登记号：01-2020-3982

图书在版编目（CIP）数据

火星：我们在红色星球上的未来 /（美）伦纳德·戴维著；尹倩青，徐蒙，李汉成译. -- 北京：现代出版社，2021.6
（美国国家地理）
ISBN 978-7-5143-8965-4

Ⅰ. ①火…　Ⅱ. ①伦…　②尹…　③徐…　④李…　Ⅲ. ①火星—普及读物　Ⅳ. ①P185.3-49

中国版本图书馆CIP数据核字（2021）第067104号

Copyright © (2016) National Geographic Partners, LLC.
All Rights Reserved.
Copyright © (2021) (Chinese Simplified Characters) National Geographic Partners, LLC.
All Rights Reserved.
本书经由北京久久梦城文化发展有限公司代理引进。

美国国家地理

火星：我们在红色星球上的未来

作　　者	［美］伦纳德·戴维	电子邮箱	xiandai@vip.sina.com
译　　者	尹倩青　徐　蒙　李汉成	印　　刷	北京瑞禾彩色印刷有限公司
责任编辑	曾雪梅　朱文婷	开　　本	787mm×1092mm　1/12
封面设计	李　一	印　　张	24
出版发行	现代出版社	字　　数	335千字
通信地址	北京市安定门外安华里504号	版　　次	2021年6月第1版　2021年6月第1次印刷
邮政编码	100011	书　　号	ISBN 978-7-5143-8965-4
电　　话	010-64267325　64245264（传真）	定　　价	258.00元
网　　址	www.1980xd.com		

版权所有，翻印必究；未经许可，不得转载

关于作者

伦纳德·戴维 (Leonard David)

美国屡获殊荣的太空记者,从事太空活动报道已有50余年。曾任美国宇航局(NASA)和其他政府机构以及美国航空航天业顾问,杂志《飞向群星》(*Ad Astra*)和《太空世界》(*Space World*)主编等。2001年,获得美国国家太空学会(National Space Society)太空媒体先锋奖;2003年、2006年两度获得英国皇家航空学会(RAeS)年度最佳太空新闻记者奖最佳太空作品荣誉;2010年获得美国国家太空俱乐部新闻奖;2015年成为美国航天学会(AAS)"航天史卓越成就奖"奥德韦奖的新闻类别首个获奖者。

目前,伦纳德开设了个人网站,并在Space.com网站撰写专栏《太空内情》,同时担任其他多家报纸杂志的特约撰稿人。

出版作品有:

2003年出版合著《混沌到宇宙:太空漫游》(*Chaos to Cosmos: A Space Odyssey*);

2006年出版合著《极限飞行:火箭科学》(*Extreme Flight: Rocket Science*);

2013年出版与宇航员巴兹·奥尔德林的合著《火星任务:我的太空探索愿景》(*Mission to Mars: My Vision for Space Exploration*);

2015年出版合著《太空职业》(*Space Careers*);

2016年出版《火星:我们在红色星球上的未来》(*Mars: Our Future on the Red Planet*)。

关于译者

尹倩青

理学博士,毕业于中国科学院高能物理研究所,研究方向为粒子天体物理。

徐蒙

行星科学博士,天文航天科普博主

李汉成

天体物理博士,毕业于中国科学院高能物理研究所,现于国外从事博士后研究。